[illegible] NATIONALE DES SYNDICATS D'[illegible]TANG

8, Rue d'Athènes, PARIS (IXe)

Rapport

de la

Commission d'organisation

du

Concours de faucardement de Seine-et-Oise

1927

BAR-LE-DUC

IMPRIMERIE CONTANT-LAGUERRE

[illegible]

AVANT-PROPOS

La Commission d'organisation du Concours de faucardement de 1927 avait, d'après l'article 22 du règlement, la mission de publier un rapport général des épreuves.

Il convient de dire pourquoi ce travail, si impatiemment attendu par tous ceux qui se sont intéressés à cette manifestation, et surtout par les concurrents, n'a pas paru plus tôt.

Comme en 1926, notre collègue M. P. Hirsch, Président de la Chambre syndicale des étangs de Touraine et d'Anjou, avait accepté en 1927 d'organiser le Concours.

Tous ceux qui ont rempli des missions analogues se rendent compte du travail énorme, des démarches innombrables, de la somme d'efforts qu'il faut faire, du nombre de détails qu'il faut prévoir pour mettre sur pied, avec des chances de succès, un pareil concours.

Notre collègue s'y est dépensé sans compter mais, cette fois, il a abusé de ses forces et quelques semaines plus tard il est tombé malade. Des opérations successives l'ont affaibli et tenu éloigné de toute occupation ; une longue convalescence, non encore terminée, l'a empêché de rédiger lui-même le compte rendu du Concours. A plusieurs reprises, il a voulu reprendre ce travail, mais ses forces l'ont trahi.

Finalement, il a dû s'incliner devant l'impossible et confier à un de ses collègues le soin de le remplacer.

Ce dernier, peu au courant des détails d'organisation, a fait de son mieux pour tirer parti des documents que M. Hirsch avait minutieusement classés. Il s'excuse cependant si sa bonne volonté est restée au-dessous de la tâche qu'il a entreprise !

RAPPORT DE LA COMMISSION D'ORGANISATION

L'Union Nationale des Syndicats de l'Étang a organisé, du 7 au 11 juin 1926, à Belval (Marne), une séries d'épreuves contrôlées de faucardement dont il a été rendu compte dans un rapport publié à la fin de 1926.

Ces épreuves ont donné une impulsion immédiate aux concurrents. Ils ont mis à profit les enseignements tirés de ces expériences et ont réalisé des perfectionnements nombreux.

La tentative de 1926 avait fait entrevoir la solution du problème du faucardement mécanique, mais elle avait montré en même temps que les appareils présentés n'étaient pas complètement au point et ne répondaient pas aux différents desiderata des usagers.

Dès l'exposition de pisciculture qui a eu lieu à Paris en février 1927, il est apparu à l'Union Nationale des Syndicats de l'Etang que les perfectionnements réalisés manifestaient un progrès incontestable sur 1926 et méritaient d'être encouragés.

Elle a donc pris la décision d'organiser un nouveau concours en 1927, aux environs de Paris, afin de donner une plus grande publicité à la question et aux résultats obtenus.

Elle a chargé la Commission qui avait opéré en 1926 de continuer ses travaux en vue de préparer le concours de 1927, de l'organiser et d'assurer son exécution.

La Commission a reconnu que l'ensemble des étangs dits de Hollande, formant une chaîne de six étangs aux abords de la forêt de Rambouillet, permettrait de réunir les conditions convenables pour le concours que l'on complèterait aux étangs de Saclay, près d'Orsay.

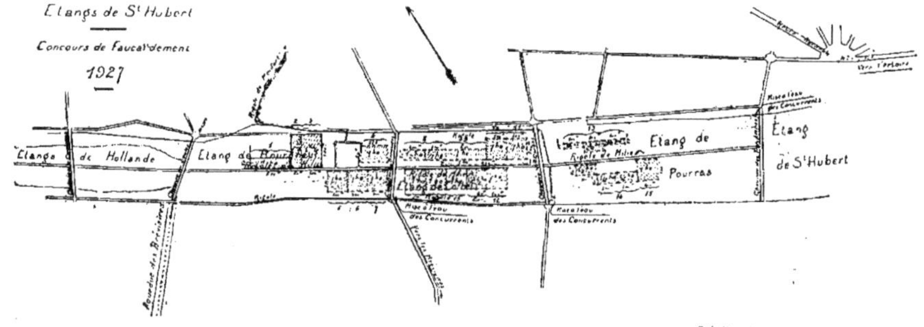

FIG. 1. — Plan des étangs de Hollande ou de Saint-Hubert.

Tous ces étangs ont été faits de main d'homme, sous Louis XIV, pour fournir l'eau au château et au parc de Versailles. Ils sont reliés entre eux et avec quelques autres tels que ceux du Mesnil-Saint-Denis, du Perray, de Saint-Quentin, etc... par un système de canaux admirablement tracés et nivelés de façon que tous concourrent au même but.

Ce domaine considérable, qui appartient à l'Etat, ressortit à la Direction des Beaux-Arts, et il est géré par le Service des Eaux de Versailles. La chasse et la pêche, sur ces étangs, ont été amodiées par adjudication publique à plusieurs personnes, à charge,

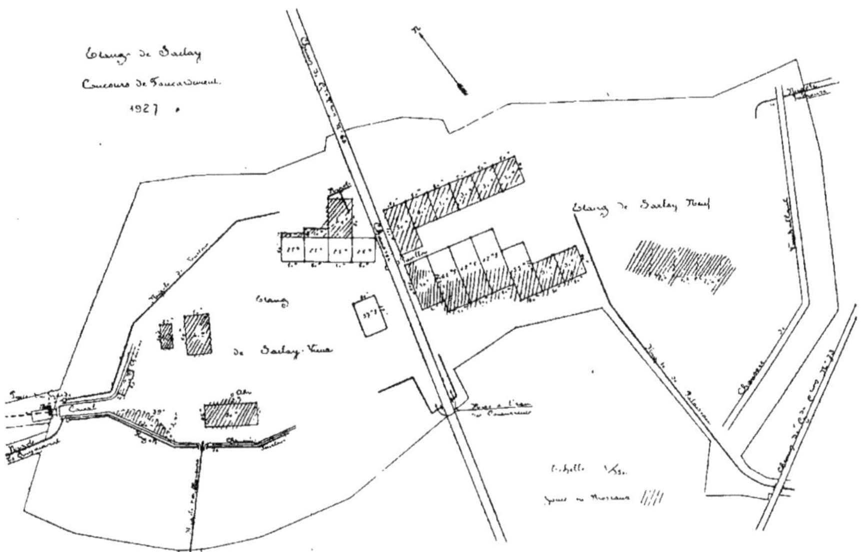

Fig. 2. — Plan des étangs de Saclay.

par les adjudicataires, de nettoyer les étangs des herbes, roseaux, joncs, etc..., condition nécessaire pour assurer la fourniture d'eau à Versailles.

Le Service des Eaux de Versailles a donc vu d'un très bon œil l'organisation d'un concours de faucardement sur les étangs de son domaine et s'est mis très aimablement à la disposition de la Commission pour faciliter sa tâche.

La Direction des Beaux-Arts a, de son côté, accordé tout de suite et avec une bonne grâce dont la Commission lui est profondément reconnaissante, toutes les autorisations nécessaires.

Mais, en raison des adjudications prononcées, l'agrément des locataires des étangs était nécessaire. Nous avons rencontré auprès d'un grand nombre d'entre eux, non seulement un accueil des plus aimables, mais aussi une offre de concours dont nous avons par la suite usé et abusé. C'est à MM. Chavenon, Laporte, Georges Antoine-May, et surtout à M. Marcel Plateau et à M. Repusseau si aimablement représenté par M. et Mme Périnaud, que vont tous nos remerciements pour l'aide efficace qu'ils nous ont apportée.

La Société des Automobiles Peugeot nous a également prêté un concours inappréciable en mettant gracieusement deux de ses camions à notre disposition, d'abord pour amener les barques dont a profité le public quand le beau temps, malheureusement rare, s'est mis de la partie, puis pour effectuer les manœuvres parfois très délicates de halage à terre des bateaux et leur transport d'un étang à l'autre.

C'est grâce à ces camions, surtout à l'un d'eux magistralement conduit, que nous avons pu réaliser le programme tel qu'il avait été conçu. Ces véhicules ont fait montre d'une résistance extraordinaire.

La même Maison a fait évoluer dans les étangs un délicieux canot automobile et un canoë muni d'un moteur amovible qui montrait que la fabrication des propulseurs français égale celle des meilleurs appareils étrangers.

Nous devons aussi savoir gré à la Société des Pétroles du Nord qui a organisé le ravitaillement en essence Eoline et à la Société des Huiles Renault qui assurait le ravitaillement en huile; les concurrents n'ont eu qu'à se louer du combustible moteur et du lubrifiant.

Un inventeur, M. Latallerie, nous a donné une démonstration de propulsion par ventilateur agissant sur l'eau; son appareil d'essai n'est pas encore au point, mais il donne à son auteur des espérances que nous aimons à croire justifiées!

La Commission d'organisation était ainsi composée :

MM. H. Denizet, président de l'Union, président d'honneur;
Bassuel, inspecteur des Eaux et Forêts;
Cauvin, représentant le Service de l'Hydraulique agricole;
Drouin de Bouville, inspecteur principal des Eaux et Forêts en retraite;
Jeannin, ingénieur en chef des Ponts et Chaussées à Orléans, représentant le ministère des Travaux publics;
Hirsch, représentant l'Union;
Legendre, représentant l'Office National des Recherches scientifiques et industrielles et des Inventions;
Général de Morlaincourt, président de la Fédération des Syndicats de propriétaires d'étangs de la région de l'Est;
Pernet, représentant la Compagnie des chemins de fer de l'Est;
Poher, représentant la Compagnie des chemins de fer d'Orléans;
Pol-Roger (M.), vice-président du Syndicat de la Marne,

qui étaient membres de la Commission en 1926;

MM. Allotte, conservateur des Eaux et Forêts, représentant le ministre de l'Agriculture;
Antoine-May (G.), maire des Bréviaires;
Aulon, inspecteur au Service des Eaux de Versailles;
Billaudel, inspecteur des Eaux et Forêts;
Charrière, inspecteur principal des Chemins de fer de l'Etat;
Chavenon, locataire d'étang;
Gallice (G.), président du Syndicat de la Marne;

MM. le Comte de Neufbourg, président du Syndicat du Forez;
Plateau (M.), locataire d'étang;
Repusseau, locataire d'étang;
Ricard, inspecteur-adjoint des Eaux et Forêts à Rambouillet;
le Comte Roger de la Selle, représentant l'Union.

La Commission a désigné pour faire partie du jury :

MM. G. Gallice, président;
Allotte;
Legendre;
Comte de Neufbourg;
Marcel Plateau.

Nous avons eu la douleur de perdre en janvier dernier notre collègue M. le Comte de la Selle.

Trop souffrant déjà, au moment du concours, pour prendre part aux opérations du jury, M. de la Selle avait été l'un des plus assidus aux épreuves de Belval en 1926.

C'était d'ailleurs un des précurseurs du faucardement : il avait fait construire son premier bateau faucardeur en 1921 par M. Lauvergnat.

Le concours de 1927 a été suivi avec la plus grande assiduité par M. Alexandre Daïa, spécialement délégué par le ministère de l'Agriculture de Roumanie.

A la suite de sa mission, nous avons reçu la lettre suivante :

« L'Attaché commercial de France en Roumanie
à M. le Secrétaire de l'Union des Syndicats de l'Etang, à Paris :

» Comme suite à notre correspondance antérieure, j'ai l'honneur de vous adresser ci-joint, en communication, le texte d'un article publié dans la presse roumaine et par lequel il est rendu compte du dernier concours de faucardement auquel a participé du côté roumain M. Daïa.

» Il ne m'a pas paru nécessaire de vous traduire cet article, car seule vous intéressera sans doute la nouvelle de l'intérêt que la Roumanie a porté à votre intéressante manifestation.

» Veuillez..., etc. ».

L'organisation d'une telle démonstration constitue une lourde charge financière pour l'Union nationale des Syndicats de l'Étang; elle n'a pu y faire face que grâce aux subventions du ministère de l'Agriculture et de quelques groupements intéressés à nos efforts et aux concours généreux de souscripteurs heureusement très nombreux.

En voici la liste :

	Francs.
Fédération des Syndicats des Propriétaires d'étangs de la région de l'Est	1.260
Syndicat des Propriétaires d'étangs de Sologne.	1.050
Chambre syndicale des étangs de Touraine et d'Anjou.	790
Syndicat des Propriétaires d'étangs de la Brenne.	700
Syndicat des Propriétaires d'étangs du Forez.	300
Syndicat d'Aquiculture du Centre.	200
Syndicat des Propriétaires d'étangs de la Somme.	150
Syndicat des Propriétaires d'étangs de la Bresse	50
MM. G. Antoine-May.	50
de Balloy.	20
Cartier-Bresson.	50
Chédeville.	50
Durand-Vilette.	25
G. Gallice.	1.000
Grignon	50
Lethias.	50
Martin.	100
Michel.	100
Munich.	300
Noël	50
Panet	50
M. Plateau	1.000
Repusseau	1.000
Tattegrain.	100

L'Union et sa Commission adressent à ces généreux donateurs leurs plus sincères remerciements.

Fig. 3. — M. Daïa sur la « Motofaucardette ».

M. de Neufbourg a bien voulu cette année encore, écrire dans son style si coloré, une impression d'ensemble, un *Journal de bord* qui fait l'objet du chapitre I.

On trouvera, dans le chapitre II, la description aussi complète qu'il a été possible de le faire des appareils qui ont figuré au concours. On y a ajouté les améliorations dont les constructeurs, après les épreuves, ont reconnu l'utilité.

Le rapport du jury, le tableau des résultats, quelques conseils adressés par le président du jury aux constructeurs forment la matière du chapitre III.

Le chapitre IV donne le compte rendu du banquet qui a si bien clôturé le concours, le texte des discours qui y ont été prononcés et le palmarès.

Le chapitre V donne quelques indications des auteurs sur différents appareils n'ayant pas pris part au concours.

Nous devons les plans des étangs qui figurent dans les illustrations à l'obligeance de M. Aulon, inspecteur au Service des Eaux de Versailles, et au travail si complet de son adjoint, M. Guingand.

Les photographies sont dues à l'habile opérateur de l'Office national des Recherches et Inventions autorisé par le directeur M. Breton, et à notre aimable collègue M. de Neufbourg qui manie aussi bien l'objectif que la plume.

CHAPITRE I

Coup d'œil d'ensemble

Par M. de NEUFBOURG.

Journal de bord. — *Dimanche 17 juillet 1927.* — L'esprit plein des images de Belvâl, je roule vers Rambouillet, à travers la Sologne où il y a du pain sur la planche pour les faucardeurs. Petite halte, trop courte à mon gré, à Bouville : il y a une rivière à faucarder, mais le cher seigneur du lieu a trouvé le secret de faire pousser des cannes à pêche superbes, dont il vous entretiendra bientôt.

Grâce aux explications fournies dans la notice, je mets le cap aisément sur le P. C., chaussée des Bréviaires. Il est évident que tout est archi-prêt et que j'arrive comme les carabiniers d'Offenbach ; les lots de joncs sont jalonnés, la cantine se monte. Confiant, je longe la route qui sépare l'étang Bourgneuf de l'étang Corbet, et je pique sur..... Mais nous sortirions du sujet, et mon carnet est muet sur la journée du lundi.

Fig. 4. — Débarquement.

Mardi 19. — Fini de rire. Au matin, nous voilà devant la gare du Perray. M. Hirsch est déjà là naturellement. M. Gallice, un peu narquois, mais si bon, si jeteur de bonne humeur et semeur de calme patience, apparaît. Je me demande à quoi je vais servir, puisque Gallice et Hirsch sont là. Il y a aussi Collas, Xénard, Lauvergnat, Lhéritier, de vieilles connaissances, l'équipe Amiot, l'équipe Gonnet, vite appréciées.

Enfin, impassible et serein, débarque Jacques, un optimiste qui a toujours raison de l'être. Ricard, inspecteur-adjoint des chasses présidentielles, élégant et courtois, entouré de ses excellents gardes, met la note officielle. Disons tout de suite combien il nous a aidés : le Bassuel de ce concours. Il n'y a pas de plus beau titre à notre reconnaissance ! A côté de ces personnages, les dieux du concours : sous bâches et sur wagons, ils attendent la pesée rigoureuse et le débarquement.

Tout le monde sur le pont ! sur le quai convient mieux. On pousse la rame que tire un cheval sagement prévu. On pèse à la bascule, on tare, on repousse la rame, on débarque en un tour de main, on retare, on soustrait. Le premier acte est joué. On va déjeuner au bord de l'eau, loin de la poussière. Et puis on retourne enlever les dieux, qui sont seuls à n'avoir point soif. M. Daïa, délégué du gouvernement roumain, grand, fort et beau, se joint à nous; il nous accompagne de bout en bout du concours, ému seulement par le deuil qui frappe sa patrie, par la mort du roi, mais observateur vigilant et tenace. Les bateaux s'en vont ; le rouge Hencké-Xénard n° 1, qui ne fait que 750 kgs, malgré son aspect robuste, part sur ses pneus derrière une torpédo 10 HP. Amiot, la baleine du concours, fixe ses 1.350 kgs par des étriers sur des roues ferrées de deux pieds de diamètre, et prend le cheval.

Fig. 5. — Après la pesée.

Pour Gonnet, 320 kgs, le transport est un jeu. On demande à Lhéritier s'il lui faut un camion..., aucune de ses pièces ne dépassant 21 kgs. Comme il entend la plaisanterie, il sait y répondre, on lui offre une cannette de son combustible favori. Le petit Hencké-Xénard, 480 kgs, roule aisément sur pneus, et la motofaucardette Lauvergnat, 337 kgs, s'envole... presque comme une libellule. Le Berry Lauvergnat, 958 kgs, les deux Collas-Jacques, 1.075 kgs et 755 kgs, s'en vont derrière auto ou camion avec beaucoup d'aisance. A ce moment passent les majestueux camions Peugeot (cette grande marque a généreusement pris une part active au concours) chargés de 13 barques à rames Bientz louées au jury et au public. Ces barques, quelle vision du passé! Bougival et la grande Jatte... Mais nous ne sommes pas mélancoliques. Lauvergnat lui-même sourit sans malice, et pourtant il aurait beau sujet de se plaindre : on lui a volé sa magnéto pendant le transport. Rien ne le rebute, ça se trouve, une magnéto. Et, en effet, il en trouve une. Quels bons camarades nous avons là, tous affables dans la fatigue, modestes dans le succès, gais dans l'épreuve! Tous ont sur la figure le reflet d'une joie intérieure : *Labor et probitas.*

Fig. 6. — Le « Hencké et Xénard ».

L'infatigable M. Gallice reçoit les bateaux à l'étang Saint-Hubert. M. Hirsch gaspille son Eoline pour rendre service à tout le monde à la fois. Vrai, la création du sixième jour n'est pas si ratée qu'il semble, il y a « du brave monde ».

En regagnant notre gîte, je félicite ces deux lanceurs du second concours, qui ont voulu battre le fer chaud. Il est déjà clair que de grands progrès sont réalisés : ne fut-ce que la légèreté de trois appareils. Jacques, naturellement, n'a pas voulu faire léger, mais on devine que Collas et lui n'ont point perdu leur temps. Nous verrons demain. Tous ces appareils, nés de Belval, semblent bien en voie d'atteindre leur majorité virile à Versailles.

Mercredi 20. — Au pied de la digue de Saint-Hubert, de bon matin. On met à l'eau sans le moindre accident, bien que la rive soit abrupte. Galops d'essai. Le terme convient au gros Berry qui pique un canter éblouissant, à une allure de grand prix. Où êtes-vous, Berry de Belval dont on disait « Belle mécanique, mais si lente ». La roue à palettes articulées, l'agencement nouveau de la propulsion ont fait ce miracle. Cette vitesse m'inquiète à la fin. Ce n'est plus un outil agricole, dis-je, c'est de la Bugatti ! Mais le Berry fonce dans les joncs durs et en ressort. Je me tais un peu tard. Je fais un fichu juré... M. Gallice lui, n'avait rien dit et Hirsch non plus. Les deux Collas-Jacques inspirent la confiance tranquille. Solides (où es-tu, boîte à sardine étonnante de Belval?), fuselés (et toi, bachot balourd de Belval, où gis-tu?), ils changent à peine d'allure en disparaissant dans les roseaux serrés. C'est qu'ils se sont coupés les ongles

Fig. 7. — En route derrière le Peugeot

Fig. 8. — A l'étang de Saint-Hubert.

trop longs, et que leurs lames attaquent net et cru, sans plus traîner à leurs pointes-mortes la chevelure scalpée de l'étang.

Et puis cette lame verticale, mâchoire de requin qui tranche dru le faucardage amoncelé et le rejette sans peine sur les flancs du bateau, cette lame verticale que connaît bien Amiot le vieux praticien, quelle sécurité ! Vous souvenez-vous de nos vaticinations de Belval? « L'obstacle infranchissable, le problème irrésolu, insoluble du

Fig. 9. — L'étang de Saint-Hubert vu de la digue.

faucardement, c'est le faucardage qui surnage et bloque la machine, matelas souple et lourd que nul homme ne dégagera assez vite... ». Aujourd'hui, par ces deux modifications, le nœud Gordien est tranché! Il fallait y penser. Sans doute la roue à aubes Collas-Jacques rejette-t-elle beaucoup d'eau inutile en sortant de l'eau, ce qu'évite celle de Lauvergnat. C'est égal, bons bateaux, on le sent.

Le Figaro-Gonnet rase par secousses, de fort près, la barbe de l'étang. C'est une lame en V que l'on remorque à la perche et que l'air comprimé rapproche rudement du bateau fuyant. Dame, il ne fuit pas très vite, et, si ses percheurs n'étaient de vrais sportsmen, la barque n'entrerait qu'avec peine dans la forêt paludéenne. On pense vite à utiliser ce bon outil derrière un bateau faucardeur, dont il achèvera le travail très

Fig. 10. — Au pied de la digue de Saint-Hubert.

Fig. 11. — Au pied de la digue de Saint-Hubert.

utilement. Gonnet possède aussi une arme ancestrale goyard d'armes effilé, que je vous conseille de faire venir bien vite et qui vaut, pour le faucardement à la main, toutes les faux, faucilles, volants, croissants ou lames. Il y faut le coup de main : vous le devinerez en un quart d'heure.

Au début, les deux Hencké tâtonnent. Le gros offre pourtant une amélioration évidente; la profondeur de coupe est réglable en marche, point très important que tous les manieurs de bateaux apprécieront fort. Le petit est une bonne surprise par son

Fig. 12. — Au pied de la digue de Saint-Hubert.

poids demi-plume. Il est un peu lent de coupe, trépidant, et sa roue motrice à deux jeux de palettes est un médiocre gouvernail. Il coupe, certes, mais bourre un peu au dur. Deux hommes d'équipage pour 2 mètres de coupe assez lente, c'est cher. Voilà la difficulté de faire léger, avec un faible tirant d'eau, un petit moteur... et un gros travail. Mais tout cela est très réformable et si le bateau avait été préparé quelques semaines plus tôt, il eut été bien près d'atteindre le but : outil pour petits étangs, pour syndicat.

C'est dans ce sens qu'est conçue la motofaucardette Lauvergnat. Mais elle souffre encore de sa magnéto, pour aujourd'hui. L'Amiot, avec ses 4 mètres de coupe, est lent à se mouvoir. Les courroies patinent. Nous le verrons demain à l'œuvre. Nous allons de l'un à l'autre curieux comme de vieilles femmes : vieilles sirènes plutôt car il pleut d'heure en heure, après de brûlants éclats de soleil. Peugeot, par les soins de M. Plateau, fait une jolie démonstration de bateau automobile. Le Général de Morlaincourt arrive à pied, comme un sous-lieutenant alerte. Il se rit des ondées : ce héros de Verdun savoure la pacifique victoire du faucardement, qui est beaucoup son œuvre. Les autres visiteurs sont héroïques sous l'averse, et pourtant ce sont des personnages d'importance : M. Aulon, inspecteur du Service des Eaux de Versailles, M. Demorlaine, conservateur du bois de Boulogne, M. Jeannin, ingénieur des Ponts et Chaussées qui en a vu d'autres à Belval déjà !

Après avoir tâté tous les appareils, on se retire à 7 heures du soir, laissant

Fig. 13. — Au pied de la digue de Saint-Hubert.

M. Gallice, indéfectible, chronométrer les sorties de l'eau... sous la pluie. Il y a onze heures que le Président est sur la brèche, et en conscience je vous le jure. Les camions Peugeot évoluent sous sa direction au milieu des trous et bosses du terrain, pour arriver à sortir les concurrents des étreintes de Saint-Hubert.

Jeudi 21. — Dès l'aube, visite, à l'étang de Bourgneuf, de M. Gouilly, inspecteur des Eaux et Forêts de Rambouillet, et du général Thézenos, un forézien de choix. On met à l'eau, chronomètre en main. Dégoûté des bottes de cuir, j'ai chaussé des cuissards de caoutchouc qui me dégoûtent bientôt. A quand un concours de bottes ?

Xénard met à l'eau en 2 minutes, puis en perd 4 par les ratés de son moteur. Magnéto, voilà bien de tes coups ! Jacques, de même poids, avec un seul aide également, perd aussi 4 minutes pour avoir voulu nager dans deux pouces d'eau : il se souvient de son plongeon de Belval. Le Berry perd 10 minutes pour s'être mis non à cul, mais de flanc ; puis il met en marche en 2 minutes. Amiot, malgré son poids, nage en 8 minutes, puis s'échappe, fait le folâtre, et perd ainsi 3 minutes avant de lancer sa lame. La motofaucardette, mue par son seul cornac, fonctionne en 5 minutes, et le gros Collas en 12. Gonnet bat tous les records : 3 minutes. Le Lhéritier, qui se voiture en brouette, se monte un peu moins vite, mais son moteur n'a jamais de ratés. C'est une sécurité !

Fig. 14. — Chronométrage de la mise à l'eau.

En résumé, les gros bateaux ne demandent que peu d'hommes pour se décharger et nager. Amiot, Collas 4 hommes, Lauvergnat 3 hommes. Les poids moyens se contentent de deux paires de bras, et nous avons vu le petit Lauvergnat se suffire avec un équipage qui, du capitaine au mousse, se condense en l'unité. Le temps employé, depuis l'aculement sur roues jusqu'à la scie lancée, va, erreurs de tactique ou de moteurs comprises, de 3 à 30 minutes au plus. Je songe à Belval encore, où tel bateau se chargea en 5 heures. Je me souviens de mes propres hésitations en achetant un bateau, un an en ça : « En sortirai-je sans perdre une matinée à chaque changement d'étang? » Croyez-vous que le deuxième concours soit inutile? Et tous ces bateaux circulent sur route derrière une auto...

Les visiteurs affluent... à raison, pour l'U. N. S. E., de un par Syndicat. Enfin, cet observateur pourra rendre compte, c'est déjà fort beau. Le public profane est plus nombreux, malgré les ondées persistantes. Notre frugal, mais joyeux déjeuner sous la tente perméable, est honoré de la présence de M. Allotte, conservateur des Eaux et Forêts, délégué du Ministre de l'Agriculture ; sa grandeur ne l'attache pas au rivage puisqu'il a navigué à force de rames d'un concurrent à l'autre. Quoiqu'officiel et très représentatif, il est gai, encourageant, sincère, parce qu'il apprécie en connaisseur la mécanique faucardeuse et nos discussions carpicoles.

Fig. 15. — La « Motofaucardette » en action.

Je vous dis que notre petit monde est un paradis : nous aimons l'Administration et elle nous aime. Français! que n'êtes-vous tous pisciculteurs? Que ne dépendez-vous d'un seul ministère, celui de l'Agriculture! Section des eaux bien entendu...

Fig. 16. — Le « Lhéritier ».

Vendredi 22. — Le grand jour : les lots sont tirés, il faut en découdre. Sur Bourgneuf, Jacques attaque un hectare de bauche ou carex doux, émergeant d'un à deux pieds, par 45 centimètres d'eau à peine. Le vieux garde et le locataire de l'étang, M. Laporte, signalent des plaques de matelas de vieille branche et vieux joncs tombés de décrépitude. Le bateau coupe vite et bien, avec un peu d'irrégularité de profondeur de coupe dans les fonds insuffisants. En 2 h. 29 tout est rasé, en brûlant 2 l. 750 d'essence.

FIG. 17. — En action !

A côté, le Hencké-Xénard, de même poids, dans un lot aussi difficile, mais moins constamment dense, met 3 h. 16 et brûle 3 l. 400. Il renonce à faucher 600 mètres carrés fort drus, parce qu'à 40 centimètres de fond, il cale sur l'arrière. Jacques, avec un homme en surcharge, franchit aisément ce mauvais pas.

A côté de ces poids moyens, les poids plumes...

Gonnet tourne mal, débite peu, mais fait un joli travail de fond, très efficace, évidemment parfait en rivière.

La motofaucardette hésite un peu dans sa direction, bourre dans son faucardage, ce qui l'oblige à débrayer souvent.

Le petit Hencké commence par une panne de bougie. Quoique bien conduit il va lentement. Son moteur ne comporte pas deux hommes.

Sur l'étang du Corbet, les poids lourds. Amiot panne ; la pompe, les courroies font des difficultés. Le bâti-avant gêne le dégagement, bien qu'il soit muni de la scie verticale. Enfin il se lance au fort, et, ma foi, sa coupe de 4 mètres est impressionnante. Le bateau méritait un meilleur réglage. Le Berry commence aussi par panner ; son capitaine ne le laisse pas s'obstiner longtemps, et... sa coupe rapide et puissante élève devant lui une meule de faucardage, dans laquelle il fonce, ce qui « couche la coupe » fâcheusement. Son gros avantage est dans la profondeur de coupe. Très facilement réglable en pleine action, dans sa marche arrière excellente, dans sa roue à palettes mobiles, il fait son hectare en 2 h. 05, brûlant 3 l. 575.

Le Collas-Jacques fait un rapide travail dans de la bauche drue: l'hectare en 1 h. 1/2, brûlant 2 l. 450.

L'Archimède fait de la haute école, vire sur place, exécute des démarrages foudroyants.

Importantes visites : M. Lescuyer, conservateur des Forêts, de Paris; le commandant Liegey, du matériel du génie; M. Compan, professeur à Grignon : la loi et les prophètes en matière de machines agricoles ; notre président, M. Denizet, qui ne nous quittera plus.

Pathé cinématographie les épreuves ; les fricoteurs qui aiment s'étaler devant l'objectif ne vont pas jusqu'à se mettre à la nage pour satisfaire leur passion. Quelques jouvencelles rêvent de barcaroles... empêtrées dans le faucardage surnageant. Le jury délibère...

Fig. 18. — En route pour le travail.

Samedi 23. — Nous mesurons les profondeurs minima de coupe. Bottes et mètre pliant.

Le petit Hencké-Xénard est une bonne surprise; il passe, en perchant un peu, dans 20 centimètres d'eau. Un bout de sa lame n'est pas à 15 centimètres du fond qu'il râcle. Son gros frère, la lame à 20 centimètres sous l'eau, cale à 38 centimètres, ce qui est décevant. Jacques, de même poids, passe cependant avec les mêmes difficultés, où a passé le petit Hencké. Voilà qui est bien : son travail utile n'exige pas un petit pied d'eau. La motofaucardette, qui a 168 centimètres de largeur de coupe, fauche la bauche convenablement dans 25 centimètres d'eau. Gonnet demande 15 centimètres pour passer son bachot.

Le gros Collas, la lame à 20 centimètres sous l'eau, dans les bauches drues, cale à 22, se dégage à la perche, et travaille utilement dans un pied d'eau. Le Berry touche à 25, se dégage par ses propres moyens, et travaille fort bien dans 36 centimètres.

Voilà de quoi réjouir les futurs acquéreurs de bateaux, et le prix Gallice est gagné... à partager. Ainsi les petits bateaux fauchent carrément à 25 centimètres d'eau, les gros de 28 à 40 centimètres. Nous gagnons donc sur les queues. C'est un succès. D'ailleurs deux des bateaux présents sont achetés aujourd'hui ; autant de soucis de moins pour le retour...

M. Gallois, M. Leclerc sont des nôtres ; vous devinez notre plaisir qui nous fait oublier toute fatigue. D'ailleurs il y a la note comique; un inventeur lance un bateau qui marche par aspiration et refoulement d'air. Le beau est qu'il ne marche pas, mais sautille dans un hoquet éperdu, au milieu du double jaillissement des évents de son système à douche. Et dire que c'est peut-être l'avenir!

Dimanche 24. — Evolutions pour le public profane. M. Billaudel, inspecteur des Eaux et Forêts, venu du Ministère, est, au contraire, très compétent. M. Gallice, incapable de repos, attèle le Gonnet derrière le Hencké : excellent résultat, gros d'espoirs. Puis il enfourche la motofaucardette, et Neptune joyeux, trident en mains, faucarde. Pensez que le mode de direction de ce bateau — le siège pivote — nous fournit matière à quelques gaudrioles.

M. Hirsch passe à la barre de tous les bateaux ; il a raté sa vocation en faisant Polytechnique; c'est le Borda qu'il lui fallait. M. Pol-Roger a des muscles d'acier et beaucoup d'esprit ; je ne sais qu'admirer plus, de son coup de rame ou de ses mots toujours drôles, jamais méchants. On voit bien qu'il goûte à son champagne. Dieu, qu'il nous en fit boire à Belval ! Mais les bateaux sont tellement meilleurs cette année...

Lundi 25. — On émigre aux étangs de Saclay ; ce n'est pas une affaire pour les bateaux, malgré quelque trente kilomètres. M. Aulon, Inspecteur du Service des Eaux de Versailles, et M. Guingand, sous-inspecteur, ont tout préparé avec une bonne grâce achevée. M. de Buffevent, ingénieur des Ponts et Chaussées, passe la flotte en revue.

M. Repusseau, locataire des étangs, nous donne un déjeuner au champagne (Pol-Roger bien entendu) de 20 couverts. Il faut dire avec quelle amabilité les riverains et locataires des étangs de Hollande et de Saclay nous ont traités. M. Plateau, M. May, M. Laporte, M. Chavenon, M. Repusseau, nous ont rendu la vie aimable et facile.

Pendant que les avions de Villacoublay tournent comme des vols de canards sur nos têtes, nous donnons le signal de la course de vitesse : 1.200 mètres bien comptés. Pas de faux départ, les roues battent l'eau solidement. Le Berry prend la tête sans barguigner et mène dans un fauteuil, gagnant de cent longueurs, à du 8 kilomètres à l'heure. Collas-Jacques, à du 5 à l'heure, précède de peu Hencké-Xénard.

On se sent bien près de Paris, ce soir...

Mardi 26. — Les bateaux partent. Le Jury délibère, ou plutôt construit des formules avec les minutes, les hectares, les centimètres, les jauges, les prix de revient. Banquet à Versailles. Bon dîner; on voit que le champagne est un don généreux, inépuisable. Le Pol-Roger du producteur, le Perrier-Jouët et celui d'un éminent président de la Chambre syndicale piscicole tourangelle; devines si tu peux et choisis si tu l'oses entre ces crus ! Brochet et poularde s'accommodent fort bien des discours. Nous aussi, car nous sommes attendris et d'ailleurs ces discours sont brefs et bons. M. Denizet félicite sa pupille l'Union. M. Allotte constate l'effort accompli, le succès éclatant, l'avenir meilleur. Il dit ce que nous devons à M. Hirsch, qui depuis deux ans nous donne, pour les expositions et les concours, des mois d'une vie pourtant débordante d'activité; et à M. Gallice, chef laborieux, juste, plein de cœur et de bon sens. M. Daïa nous émeut. M. Plateau nous touche. Enfin M. Gallice procède à la distribution des prix. Pas de fanfare, mais de bons bravos. On cause entre hauts administrateurs, constructeurs, propriétaires, journalistes.

M. le Président de l'Union accepte en principe la lourde charge de nous préparer un bon petit concours en Brenne, tous les bateaux seront parfaits. Mort le jonc, vive la carpe ?

Et puis, chacun s'en fût coucher, comme dit la chanson !

J'oubliais la conclusion pratique, la voici : vous qui avez 30 hectares de joncs, achetez un faucardeur; vous qui n'en avez que 10, ou 5, ou 1, associez-vous à quelques voisins et achetez aussi. Il y en a pour tous les goûts.

NEUFBOURG.

CHAPITRE II

Description des appareils

A. AMIOT, Ingénieur A. et M., à Saint-Vaast-la-Hougue (Manche).

Le bateau faucheur pour herbes aquatiques émergentes (1927) est composé ainsi que le montre le plan ci-joint (fig. 19) :

D'une barque en tôle d'acier portant à l'une de ses extrémités une faucardeuse, au centre un moteur, vers l'arrière deux roues à aubes latérales encastrées, à l'extrémité arrière une faucheuse verticale.

Les caractéristiques du bateau présenté aux épreuves de faucardement de 1927 sont les suivantes :

1° *Bateau.* — Le bateau porteur est constitué par une barque à fond plat, à l'avant rétréci et à l'arrière en pointe, ayant comme dimensions :

Longueur : 5 mètres; largeur : $1^m,60$; hauteur : $0^m,53$.

La barque est en tôle d'acier de 3 m/m d'épaisseur renforcée par des membrures

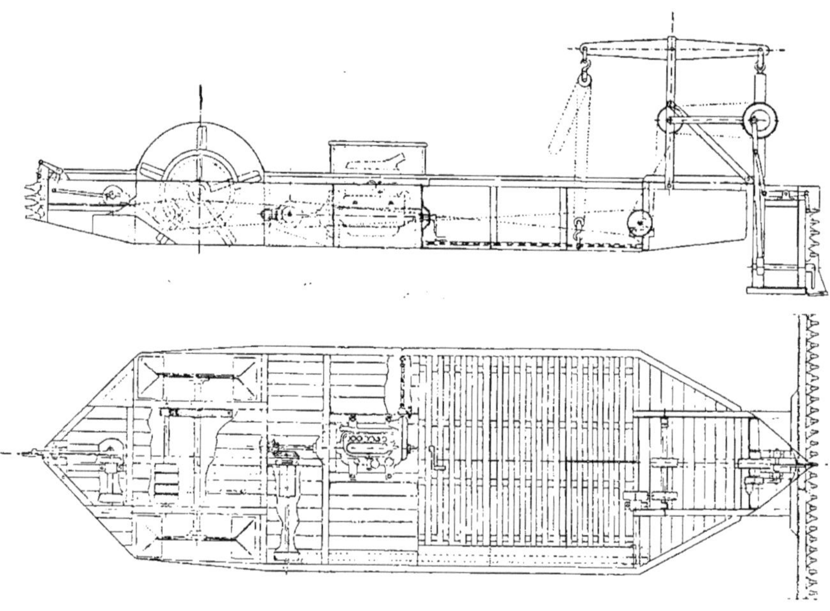

Fig. 19. — Plan de l' « Amiot ».

et une ceinture en cornières de 50×50; elle reçoit aux extrémités des plates-formes en sapin recouvrant le moteur et les organes de mouvement. La partie centrale reçoit un plancher à claire-voie.

2° *Faucardeuse*. — La faucardeuse est constituée par un châssis en fer U de 1m,60 de hauteur et 0m,65 de largeur, à la partie inférieure duquel est assemblée une plate-forme en tôle et cornières à l'avant de laquelle est attachée une barre coupeuse composée de deux parties égales placées symétriquement et fournissant ensemble une largeur de coupe de 4 mètres.

A la partie supérieure du châssis se trouvent l'arbre vilbrequin et la partie clavetée sur cet arbre en relation avec les organes de mouvement commandés par le moteur.

Le mouvement alternatif produit par la rotation de l'arbre vilbrequin est transmis aux barres coupeuses par une bielle verticale et deux manivelles clavetées à angle droit sur un arbre horizontal placé à la partie inférieure du châssis.

L'une de ces manivelles, l'horizontale, est reliée à la bielle solidaire du vilbrequin par une articulation à rotule; l'autre manivelle verticale est clavetée à l'extrémité de l'arbre horizontal et commande, par deux bielles symétriques, le mouvement des barres coupantes.

Afin de faciliter le dégagement des herbes coupées, une tôle en forme de V avance sa pointe à l'aplomb des lames coupantes ; l'écartement des ailes, attachées sur les montants du châssis, correspond sensiblement à la largeur de l'avant du bateau dont les flancs continuent le prolongement des ailes de la tôle.

Afin de faucarder en marche les herbes traînantes, et de tronçonner les herbes coupées qui pourraient se coucher à l'avant du bateau, une faucheuse à lame verticale est attachée à la pointe formée par les tôles.

Cette faucheuse a sa lame coupante actionnée comme suit : un balancier, composé de 2 manivelles clavetées en prolongement sur un arbre commun, est en relation par une de ses extrémités avec la lame coupante verticale, l'autre extrémité étant solidaire de la bielle du vilbrequin, transmet le mouvement alternatif.

Le graissage de l'arbre vilbrequin, est, du côté de la bielle, assuré par un petit réservoir en communication par une canalisation axiale avec le bouton de manivelle ; du côté opposé, le graissage du palier s'effectue par un Stauffer.

En service, la faucardeuse est suspendue à l'extrémité d'un balancier reposant en son milieu sur un chevalet relié par des couples de haubans au bateau et au châssis de la faucheuse ; l'autre extrémité du balancier est attachée au crochet d'un palan différentiel dont les actions déterminent les oscillations du balancier et par suite le levage ou l'immersion de la faucheuse dont les lames peuvent fonctionner sous des hauteurs d'eau comprises entre 0m,30 et 0m,80.

En dehors du travail, la faucheuse se couche horizontalement sur la barque, et les barres coupeuses se replient de façon à ne pas dépasser la largeur du bateau.

3° *Moteur*. — Le moteur à essence est à 4 cylindres (Chapuis-Dornier) de 60 m/m d'alésage, la course des pistons est de 110 m/m.

La puissance est de 7 CV, sa vitesse angulaire de 1.800 tours-minute, son graissage sous pression par une pompe à engrenage.

Il est muni d'un carburateur Zénith et d'une magnéto à haute tension.

Il possède un silencieux, une manette de carburation, un commutateur, et un manomètre de contrôle de circulation d'huile.

Fig. 20. — Appareil « Amiot ».

La circulation d'eau est assurée par une pompe à engrenages alimentant un réservoir d'où les communications avec le moteur ont lieu par thermo-siphon.

Le réservoir d'eau est en tôle étamée.

Le réservoir d'essence est en cuivre, sa contenance d'environ 16 litres.

4° *Transmission.* — La transmission comprend :

Un arbre longitudinal relié au moteur par un accouplement élastique actionnant un couple d'engrenages coniques en acier, dont les réactions se font sur des butées à billes.

L'arbre transversal porte un tambour et une poulie en fonte.

La poulie transmet le mouvement à la faucheuse, par un arbre secondaire, et par l'arbre du chevalet monté sur roulements à billes.

Le tambour transmet le mouvement aux poulies de l'arbre du pignon de commande des roues à aubes, ainsi qu'à la poulie actionnant le mouvement de l'arbre manivelle fournissant le mouvement alternatif à la barre coupante de la petite faucheuse verticale de l'arrière.

Les transmissions fournissent au mouvement des roues la marche avant et la marche arrière.

En marche arrière, la petite faucheuse se trouve à l'avant et permet la coupe des herbes flottant sur les eaux après les opérations de faucardement, et facilite ainsi la circulation du bateau à travers les herbes coupées.

5° *Conduite de la direction.* — La conduite de la direction du bateau est dépendante d'un gouvernail ou d'un aviron.

6° *Roues à aubes.* — Les roues à aubes ont environ 0m,85 de diamètre; elles comportent 5 palettes d'environ 0m,30 de largeur, boulonnées sur des bras en Y assemblés sur le moyeu des roues et solidaires les unes des autres par leur assemblage sur un cercle qui règle leur écartement.

Leur vitesse de rotation peut atteindre 80 tours par minute.

Elles sont recouvertes par des capots en tôle protégeant la barque contre les projections d'eau.

7° *Appareil de transport.* — L'appareil de transport comprend un essieu monté avec ressorts solidaires d'un cadre sur lequel le bateau est assujetti au moyen de 4 boulons.

La traction s'effectue à l'aide d'une flèche courte fixée à l'avant du bateau.

8° *Le poids du bateau* est de 1.350 kgs.

Les parties mobiles sont le châssis de faucheuse pesant environ 80 kgs et les barres coupeuses pesant chacune environ 27 kgs.

Caractéristiques :

Poids : 1.350 kgs.
Longueur : 5m,10.
Largeur : 1m,60.
Profondeur : 0m,53.
Diamètre des roues à aubes : 0m,90.
Nombre de pales : 5.
Longueur des pales : 0m,28.
Hauteur des pales : 0m,14.
Moteur Chapuis-Dormier, quatre cylindres, quatre temps, 7 CV.
Nombre de tours du moteur : 1.800 par minute.
Nombre de tours des roues à aubes : 35 (maximum 80).
Refroidissement par pompe à engrenages.
Largeur de coupe : 4 mètres.
Profondeur de coupe : 0m,30 à 0m,80.
Prix en 1927 : 13.250 francs.
Prix en 1928 { sans faucheuse verticale : 13.700 francs.
avec — : 14.200 francs.
Appareil de transport à rouleaux et vis sans fin (1926) : 1.600 francs.
Appareil de transport sur essieu à ressorts (1927) : 800 francs.

COLLAS ET Cie, MAISON MAUPOIS, à Triaucourt (Meuse).

Bateaux faucardeurs modèles Collas et Jacques fusionnés.

Les deux appareils présentés diffèrent par la puissance du moteur, le poids, la nature de la construction de la coque et par quelques autres détails; mais les principes généraux de réalisation sont les mêmes.

Ces bateaux, comme le disent fort bien MM. Collas et Jacques, sont « nés des épreuves de Belval ».

Fig. 21. — Le « Collas-Jacques ».

Fig. 22. — La faux du « Collas-Jacques ».

On a pris, dans les deux modèles fusionnés, le meilleur de chacun : ce sont donc des machines qui ont fait leurs preuves.

Leur forme spéciale, leur légèreté, leur facilité d'évolution les désignent pour les étangs de faible surface comme pour les plus grands.

La compétence pratique de M. Jacques, jointe aux connaissances mécaniques de M. Collas, donnent au point de vue de l'usage une garantie de premier ordre.

Les organes employés, tant pour diminuer le poids que la difficulté de conduite, sont réduits au minimum et sont de construction robuste et soignée.

FIG. 23.

La coque est construite soit en bois de 22 m/m d'épaisseur, soit en tôle de 2 m/m, au goût du client.

Les formes de l'avant et l'évasement des côtés vers le haut facilitent le passage du bateau dans les herbes.

Le relevage du porte-lame se fait très facilement; les supports sont à charnières, un homme seul fait basculer le mécanisme qu'on ramène sur le bateau, de sorte que le changement de lame ou les réparations peuvent s'effectuer à bord.

Le moteur actionne le mécanisme et la roue à aubes; celle-ci est à quatre pales et a retenu toute notre attention. Le rendement est très bon, car la lame relevée ou enlevée, on atteint la vitesse de 8 kilomètres à l'heure environ.

Ces bateaux peuvent donc servir pour la promenade et emmener facilement quatre ou cinq personnes.

Il existe deux transmissions logées sur le même côté du bateau, de telle sorte que la circulation est facile et sans danger.

Sur l'arbre moteur prolongé sont fixées deux poulies, l'une pour donner le mouvement, à l'avant, à la bielle de commande de la faux, l'autre pour transmettre, à l'arrière, le mouvement à la roue à aubes.

Ces deux transmissions se font par courroies et ont chacune une poulie fixe et une poulie folle pour permettre la mise en marche ou l'arrêt de la scie et de la roue, simultanément, ou séparément.

L'embrayage de la scie est à portée de l'homme qui se tient à l'avant; celui de la roue à aubes est sous la main de celui qui est au gouvernail.

Un seul gouvernail très long, de forme spéciale, assure au bateau une direction précise; l'entretoise arrière, qui le supporte en même temps que le caisson arrière, est très haute au-dessus de l'eau. On ne remorque jamais de roseaux ni de débris; on n'a donc aucune déperdition de vitesse. Le bateau tourne facilement sur dix mètres de diamètre.

Pour le transport, on emploie un haquet qui est muni de quatre rouleaux et

Fig. 24.

Fig. 25.

d'un treuil à cliquet à l'avant, ce qui rend la mise à terre et à l'eau extrêmement facile et prompte ; deux hommes suffisent.

Les roues ont un mètre de diamètre, ce qui permet de passer partout ; au cas où le chemin serait trop mauvais, on peut supprimer les roues et se servir du haquet comme traîneau.

Fig. 26. — Mise à l'eau du « Collas-Jacques ».

On peut également y adapter des roues d'automobiles munies de bandages pneumatiques, ce qui permet un transport rapide derrière une voiture.

Caractéristiques :

Bateau Collas et Jacques numéro I.

Poids : 1.075 kgs.
Longueur : $5^m,50$.
Largeur : de $1^m,20$ à $1^m,60$.
Profondeur : $0^m,50$.
Diamètre de la roue : $1^m,02$.
Nombre des pales : 6.

Fig. 27. — Le « Collas-Jacques n° I ».

Largeur des pales : $1^m,04$ plus les pales auxiliaires.
Hauteur des pales : $0^m,24$.
Moteur Bernard 6 CV, radiateur soufflé.
Nombre de tours du moteur : 800.
Nombre de tours de la roue à aubes : 40.
Nombre de tours de la faucheuse : 350.
Largeur de coupe : 3 mètres.
Profondeur de coupe : $0^m,22$ à $0^m,60$.
Prix (en 1927) : 14.000 francs.
Prix du chariot (suivant modèle) : 2.000 à 3.500 francs.

Modifications apportées en 1928.

Montée et descente de la lame par vis.

Bateau Collas et Jacques numéro II.

Poids : 755 kgs.
Longueur : $5^m,50$.
Largeur : de $1^m,10$ à $1^m,40$

Fig. 28. — Le « Collas-Jacques n° II ».

Profondeur : 0^{m},45.
Diamètre de la roue à aubes : 1 mètre.
Nombre de pales : 4.
Longueur des pales : 1^{m},02.
Hauteur des pales : 0^{m},22.
Moteur Bernard 4 CV, radiateur soufflé.
Nombre de tours du moteur : 850.
Nombre de tours de la roue à aubes : 35.
Nombre de tours de la faucheuse : 220.
Largeur de coupe : 2^{m},50.
Profondeur de coupe : de 0^{m},20 à 0^{m},60.
Prix (en 1927) : 11.000 francs.

Jacques GONNET, à Pont-lez-Brie (Somme) (fig. 29).

Cet appareil est léger et peu encombrant. Un bateau de pêche quelconque le porte aisément. Celui qui était utilisé en 1927 mesurait 5 mètres de longueur, 1^{m},05 de largeur et seulement 0^{m},37 de profondeur. Le poids total, bateau et appareil, ne dépassait pas 320 kgs.

L'appareil se divise en trois parties bien distinctes :

1° La faux et son manche;
2° Le moteur et son support;
3° L'appareil générateur : groupe compresseur d'air.

I. — La faux est un instrument picard en forme de V à bords tranchants qui est traîné derrière un bateau quelconque et ramené en avant par secousses brusques d'une amplitude réglable de 30 centimètres environ à une cadence correspondant automatiquement à la vitesse d'avancement du bateau, lequel est poussé à la perche par deux hommes ou qui peut être automoteur, mais, dans ce cas, construit spécialement.

La pointe du V où est relié le manche, est articulée et libre pour permettre à la faux de travailler sous divers angles et, par suite, à différentes profondeurs. Le manche est en tube d'acier. On peut y fixer une lame tranchante sur sa face avant quand on coupe dans les herbes très molles (cresson, mouron). Un pas de vis dans le haut du manche est ménagé pour le relier au piston à air.

II. — L'appareil moteur est un piston à air comprimé dont la course est réglable à volonté aux environs de 30 centimètres. Il est actionné par l'air du groupe compresseur selon la vitesse du bateau qui déterminera automatiquement l'admission.

Il est muni, vers le milieu, de deux tourillons pour le placer sur le pivot et sur lesquels il peut osciller pour prendre automatiquement, par rapport au fond, l'inclinaison nécessaire et la direction voulue par le bateau.

Le pivot est un support de motogodille se fixant par des boulons à oreilles sur le tableau arrière du bateau.

Fig. 29. — Le « Figaro » de Gonnet.

III. — L'appareil générateur est un groupe compresseur d'air, à essence, de 2 CV, pesant avec sa bouteille réservoir environ 60 kgs et placé sur un bâti très facilement transportable d'un bateau à l'autre.

Mise en place de l'appareil et fonctionnement.

I. — Placer au fond du bateau aux deux tiers vers l'arrière le groupe compresseur et son réservoir d'air. Caler le bâti du groupe ou le fixer par des boulons posés spécialement.

II. — Fixer le pivot sur le tableau arrière du bateau.

III. — Mettre la faux à l'eau derrière le bateau, passer le tube-manche dans le guide du cylindre et raccorder à la tige du piston.

Mettre le moteur en marche. Dès que le manomètre placé sur la bouteille est à 3 kgs de pression (une minute), il n'y a plus qu'à pousser le bateau aux endroits que l'on veut couper.

La faux restant immobile au fond de l'eau par son poids et par la résistance des herbes et le bateau ayant avancé, le piston s'est trouvé ramené à l'extrémité de sa course en arrière. A ce moment, la tige du piston commande l'ouverture de la vanne d'admission de l'air et celui-ci chasse violemment le piston à l'opposé du cylindre. Il entraîne la faux dans son mouvement brutal, et la coupe se produit d'une longueur égale à la course du piston. La vanne d'admission se ferme automatiquement à fond de course, pour se rouvrir dès que le piston est ramené en arrière et ainsi de suite tant que le bateau avance.

Le bateau n'est pas dur à pousser. Le poids de l'appareil sur l'arrière du bateau l'aide à avancer à chaque coup de piston d'une longueur égale à la course de ce piston ajoutée à la brutalité de la secousse vers l'avant. Il est toutefois nécessaire que l'avant du bateau soit pointu ou rendu pointu avec deux planchettes.

Les manches se font en deux longueurs pour fonds de 0 à 2 mètres et de 2 à 4 mètres; les faux d'un écartement et d'une longueur de lames à la demande entre 1^{m},50 et 4 mètres de coupe.

Fig. 30. — Le « Figaro » de Gonnet en action.

Cet appareil a été conçu surtout pour les rivières et les canaux pour couper les herbes du fond et le nettoyer complètement.

L'inventeur a étudié l'utilisation de la puissance du moteur pour actionner un propulseur et supprimer ainsi l'usage des perches.

Caractéristiques :

Moteur monocylindrique; deux temps; 2 1/2 CV.

Refroidissement par air.

Compresseur Boucheron, deux cylindres.

Pression de l'air dans la bouteille : 8 kgs.

Faucheuse picarde en V.

Largeur de coupe : 2 mètres ou 3^{m},50.

Poids total de l'appareil (sans la coque) : 110 kgs.

Prix en 1927 : 7.000 francs.

P. HENCKÉ ET A. XÉNARD, Ingénieurs A. et M., à Champigneulles (Meurthe-et-Moselle).

Bateau P. Hencké et A. Xénard, numéro 1.

La coque est en tôle de 3 $^{m}/_{m}$ renforcée par des cornières intérieures. L'avant a une forme pointue avec un plat sur lequel repose l'U supportant la scie.

Le moteur actionne une transmission située au milieu du bateau et dans le sens longitudinal. Cette transmission donne le mouvement à la roue à aubes par l'intermédiaire de courroies, avec poulie folle et poulie fixe permettant le débrayage, engrenages de réduction et chaîne de Galle.

Le mouvement de la scie est commandé par la même transmission au moyen d'une bielle située à l'intérieur du bateau.

Cette bielle donne un mouvement de va et vient à un arbre fixé à l'intérieur de l'U support de scie. L'arbre possède à la partie inférieure une biellette qui est reliée à la scie. Un embrayage à dents de loup permet d'arrêter ou de faire fonctionner la scie.

Le bateau est muni d'un gouvernail.

Le refroidissement du moteur est assuré par une pompe à engrenages qui puise l'eau de circulation dans un puits intérieur : cette disposition évite l'obstruction de la crépine par des brins d'herbes coupées.

Caractéristiques :

Poids : 750 kgs.
Longueur : 5^{m},08.
Largeur : 1^{m},25.
Profondeur : 0^{m},50.
Diamètre de la roue : 0^{m},97.
Nombre de pales : 5.
Largeur des pales : 1^{m},16.
Hauteur des pales : 0^{m},30.
Moteur de Dion-Bouton monocylindique, 75×100.
Puissance du moteur : 3 CV 50 à 4 CV.
Nombre de tours du moteur : 1.000.

Fig. 31. — Le « Hencké et Xénard n° I ».

Fig. 32. — Appareil « Hencké et Xénard » avec faux verticale.

Nombre de tours de la roue à aubes : 35.

Nombre de tours de la scie : 300.

Refroidissement par pompe (puits).

Largeur de coupe : $2^m,50$.

Profondeur de coupe : de $0^m,25$ à $0^m,60$.

Prix en 1927 : 12.500 francs.

Modifications.

Le modèle 1928 comporte un avant plus pointu; il est aplati juste à l'endroit où repose le fer en U.

Le moteur est un monocylindrique Guyot de 3 1/2 CV avec capot; refroidissement par circulation d'eau et pompe à engrenages puisant l'eau dans un puits intérieur.

L'avant comporte une scie verticale mue mécaniquement.

Prix : 12.500 francs.

Les constructeurs font à la demande une roue à aubes articulées.

Bateau P. Hencké et A. Xénard numéro II.

La coque est en tôle de 3 m/m au fond; de 1 m/m 5 sur les côtés, renforcées par des cornières intérieures.

L'avant est pointu.

Un moteur Train de 1 3/4 CV actionne une transmission placée au milieu du bateau et dans le sens longitudinal.

Le propulseur est composé de deux roues à six pales clavetées sur un arbre. Entre ces deux roues, aboutit l'arbre de commande terminé par un pignon conique qui engrène avec un autre pignon fixé sur l'arbre des deux roues. Cet arbre de commande reçoit son mouvement de la transmission centrale à l'aide de poulies et courroie; débrayage par un dispositif à dents de loup.

L'ensemble du propulseur est supporté par un arbre vertical mobile et peut pivoter autour de cet arbre, ce qui donne la direction du bateau.

(N. B. — Le prolongement jusqu'à l'arrière de la roue des tôles latérales rendait cette direction précaire).

A l'avant, le mouvement de la scie est donné par l'intermédiaire d'une chaîne, embrayage par dents de loup.

Cette chaîne actionne la scie à l'aide d'un plateau manivelle qui fait mouvoir une bielle verticale. Cette bielle actionne une équerre mobile autour d'un axe fixé à la partie rectangulaire de l'équerre. Le mouvement de va et vient de l'équerre est transmis à la scie.

La scie, ses supports et les organes de transmission du mouvement font corps entre eux. Deux crochets, en haut des supports, servent à fixer ces organes sur le bateau, le bas des supports venant s'appuyer sur deux butées.

On enlève facilement tout le bloc avant, et, de même, le montage se fait très rapidement.

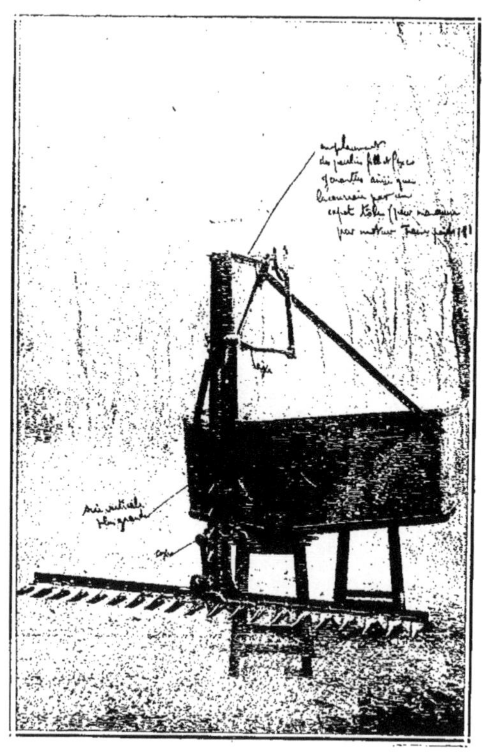

Fig. 33. — Mécanisme de l'avant modifié du « Hencké et Xénard ».

Caractéristiques :

Poids : 480 kgs.
Longueur : 5^m,05.
Largeur : 1^m,25.
Profondeur : 0^m,40.
Diamètre des roues à aubes : 0^m,80.
Nombre de pales : 6 (de $0^m,30 \times 0^m,20$).
Moteur Train monocylindrique à deux temps.
Refroidissement par ventilateur.
Nombre de tours du moteur : 1.200.
Nombre de tours des aubes : 35.
Nombre de tours de la scie : 150.
Largeur de la coupe : 2 mètres.
Profondeur de la coupe : 0^m,20.
Prix en 1927 : 9.000 francs.

Modifications.

Ce bateau, construit hâtivement pour le concours, a été modifié.

Actuellement, la commande de la roue à aubes est identique à celle du bateau n° I ; cette roue est munie de cinq pales.

L'avant est resté le même, mais avec deux crochets supplémentaires permettant de faucarder à deux profondeurs, soit 0m,20 et 0m,40 ; soit 0m,30 et 0m,50, à la volonté du client.

Il reçoit un moteur Guyot de 3 chevaux; refroidissement par circulation d'eau à l'aide d'une pompe à engrenages.

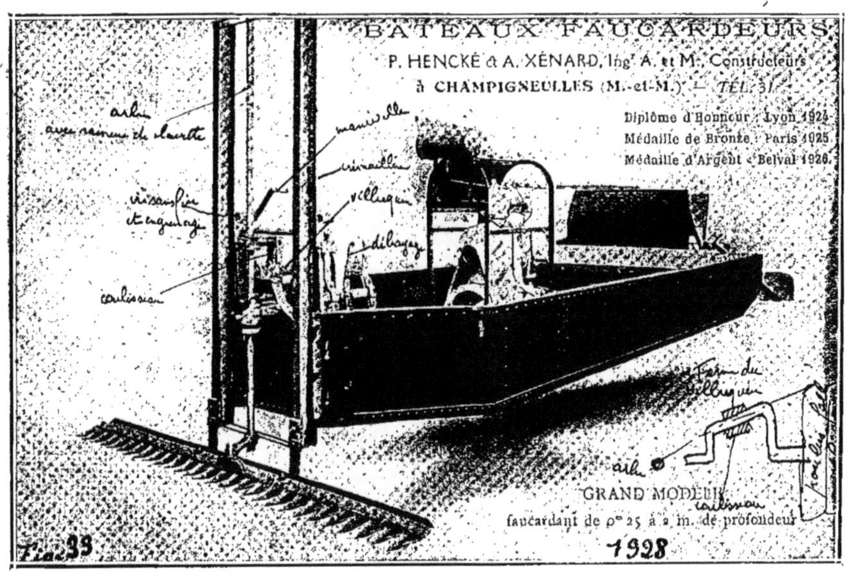

Fig. 34.

Il est muni d'une scie verticale et peut, sur demande, recevoir une roue à aubes articulées. Son poids est de 525 kgs.

Prix, en 1928 : 9.950 francs.

MM. Hencké et Xénard construisent également un bateau faucardant de 0m,25 à 2 mètres, et un appareil se manœuvrant à la main ou au moteur et s'adaptant à l'avant de n'importe quel bateau.

Appareil de transport.

Le haquet transporteur peut être disposé soit pour la traction animale, soit pour le remorquage derrière une automobile.

Ce haquet comporte un châssis en bois sur lequel sont fixés des galets de roulement.

Un treuil placé environ aux deux tiers du châssis et en dessous, mû par deux manivelles et sur lequel sont fixées des attaches pour deux câbles métalliques, permet de monter directement le bateau sans grands efforts à l'aide de deux hommes.

Ces deux câbles, partant du treuil, passent à l'avant du haquet sur deux galets pour revenir en arrière. Il suffit d'accrocher ces deux câbles aux crochets du bateau et de tourner les manivelles pour faire monter le bateau sur le haquet. La disposi-

Fig. 35. — Le « Hencké et Xénard n° II ».

tion de ce treuil est très pratique, car, quand l'avant du haquet est levé, les manivelles se trouvent à hauteur d'homme.

Le haquet est muni d'un essieu patent, moyeux bronze, roues caoutchoutées et dispositif de traction par automobile, ou bien de deux roues métalliques, essieu à graisse et brancards, pour traction animale.

Prix pour traction animale : 2.000 francs.

Prix pour traction automobile : 3.250 francs.

LAUVERGNAT, Constructeur, 21, rue Jean-Jacques-Rousseau, à Châteauroux (Indre).

M. Lauvergnat a présenté, comme en 1926, des bateaux dont la partie mécanique était extrêmement soignée. Mais il convient de signaler à son actif deux innovations des plus intéressantes : l'application aux bateaux faucardeurs des roues à aubes à pales articulées et la parfaite réalisation d'un appareil pour un homme seul.

La roue à aubes articulées appliquée à ses deux bateaux par M. Lauvergnat donne à ceux-ci une vitesse, une « force de poussée » toutes spéciales et, par conséquent, un rendement supérieur, avec la possibilité de pénétrer aisément dans les végétations extrêmement fortes et serrées.

Cette roue se compose d'un axe portant quatre paires de bras de forme appropriée.

Un dispositif excentrique très robuste commande, au moyen de quatre bielles et

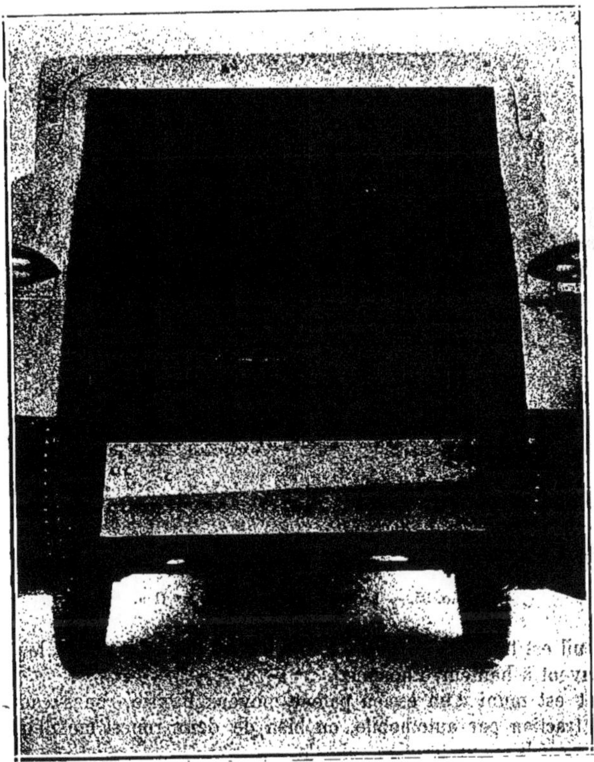

Fig. 36. — La roue articulée « Lauvergnat ».

de quatre leviers, le basculement des pales sous un angle favorable à l'immersion et à l'émersion et réalise la propulsion « intégrale » du fait que les pales sont maintenues dans une position rationnelle pendant toute la durée de l'immersion.

Le rendement du propulseur est de ce fait considérablement augmenté.

I. — *Description du bateau faucardeur le « Berry »* (fig. 37).

Le bateau faucardeur Lauvergnat modèle 1927 atteint un haut degré de perfection et son fonctionnement donne à tous points de vue la plus grande satisfaction. Des perfectionnements récents adoptés après de sévères essais lui assurent une grande supériorité notamment pour le rendement à l'heure et le prix de revient à l'hectare.

Sa construction est extrêmement soignée, le mécanisme est établi avec précision et les matériaux sont de premier choix, conditions essentielles pour un fonctionnement parfait et une longue durée. Tous les mouvements rotatifs sont montés sur roulements à billes avec bain d'huile, tous les engrenages sont taillés dans la masse, les axes supportant un effort sérieux sont en acier au nickel, etc.

Fig. 37. — Le « Berry » de Lauvergnat.

Parmi les nombreux perfectionnements que possède ce bateau, nous citerons notamment :

Coque métallique en tôle de 2 m/m 1/2, portant à 10 centimètres au-dessus de la flottaison une superstructure en bois. Seule cette union de la tôle et du bois peut donner : étanchéité absolue, rigidité parfaite, grande légèreté.

Le moteur industriel de 5 CV à régulateur est facilement accessible. Très stable, de marche régulière, il actionne sans fatigue la roue de propulsion et la faucheuse munies chacune d'un débrayage indépendant.

Faucheuse montée sur un robuste cadre articulé spécial permettant de monter, descendre et fixer à toute hauteur la barre coupeuse qui peut couper jusqu'à un mètre au-dessous de la surface de l'eau (cette profondeur peut être augmentée sur commande) et qu'on peut relever jusqu'à 25 centimètres au-dessus de la surface de l'eau. Cette manœuvre est faite instantanément et avec la plus grande facilité, sans arrêter le fonctionnement, au moyen d'un petit treuil à vis sans fin. La barre-coupeuse et son support ont été soigneusement dessinés et dans le modèle 1927 la forme et les dispositions de ces organes sont si heureusement conçus que l'écoulement des herbes coupées le long des flancs du bateau est pour ainsi dire automatique.

Direction remarquablement commode et efficace par un volant d'automobile. Le conducteur, assis sur le siège formant coffre à outils, a, à portée de la main, tous les leviers de manœuvre pour la conduite du bateau et de la faucheuse. Avec sa direction à volant, son gouvernail double et sa marche arrière, ce bateau possède une facilité et une sûreté d'évolution incomparables.

Plancher spacieux, sans qu'aucun organe en mouvement ne gêne la circulation (le mécanisme étant placé sous ce plancher qui l'abrite et le protège). En démontant la barre-coupeuse (démontage en 5 minutes) ce faucardeur devient un bateau de promenade fort agréable et pratique pour étang ou rivière.

Transport sur terre par l'adjonction d'un essieu directement fixé à la coque par deux boulons, portant deux roues à bandages pneumatiques et d'un timon d'attelage fixé à l'avant permettant de faire remorquer par un véhicule quelconque.

La vitesse du bateau a été considérablement augmentée depuis 1926 par la disposition de la roue à aubes placée à l'arrière avec libre dégagement de l'eau, par la forme rationnelle de la coque et surtout par l'adoption des pales articulées.

Cette vitesse atteint plus de 7 kilomètres à l'heure et permet de remonter de forts courants en rivière.

Le prix de ce bateau était de 17.000 francs en 1927.

Modifications apportées depuis le Concours.

Il a été ajouté une barre coupeuse verticale devant l'étrave du bateau. L'accumulation des herbes coupées devant le bateau ne se produit donc plus.

Caractéristiques :

Poids : 958 kgs.
Longueur : 5m,50.
Largeur : 1m,50.
Profondeur : 0m,55.
Diamètre de la roue à aubes : 1m,05.
Nombre de pales (articulées) : 4.
Largeur des pales : 0m,79.
Hauteur des pales : 0m,19.
Moteur : Train, 2 cylindres, 4 temps, 5 CV; ou de Dion monocylindrique 4 CV 1/2.
Refroidissement : circulation d'eau par pompe.
Nombre de tours du moteur : 1.600.
Nombre de tours de la roue à aubes : 60.
Nombre de tours de la commande de la scie : 375.
Largeur de coupe : 2m,86.
Profondeur de coupe : 0m,25 à 1 mètre.

II. — *Petit bateau faucardeur dénommé « La Motofaucardette »* (fig. 38) (Modèle 1927).

Coque en tôle, longueur 3m,85, largeur 1m,10, profondeur 44 centimètres, longueur totale 4m,40 (gouvernail en plus), poids total en ordre de travail 337 kgs (par suite de cette légèreté tout appareil de levage ou chariot spécial de transport est inutile), largeur de coupe 1m,70, profondeur de coupe réglable à 20, 30 et 40 centimètres au-dessous de la surface de l'eau. Tirant d'eau 17 centimètres permettant de faucher dans 23 à 25 centimètres d'eau. La propulsion est obtenue par une roue perfectionnée à aubes articulées, d'un rendement très supérieur.

Un moteur « Train » de 1 CV 3/4 à régulateur actionne par une transmission longitudinale la faucheuse et la propulsion, munies chacune d'un débrayage progressif à friction.

Direction obtenue par deux gouvernails conjugués manœuvrés par le siège pivotant spécial. Le conducteur n'a qu'à s'orienter vers le point où il veut se diriger; ce système original de direction s'est révélé parfaitement efficace et pratique. Emploi général des roulements à billes dans le mécanisme.

Ce petit bateau peut, après démontage de la faucheuse, servir à tout usage, promenade, pêche, chasse, et porter trois personnes.

Prix en 1927 : 7.800 francs.

Fig. 38. — « La Motofaucardette » de Lauvergnat.

Caractéristiques :

Poids : 337 kgs.
Longueur : coque, 2m,85 ; totale, 4m,40.
Largeur : 1m,10.
Profondeur : 0m,45.
Diamètre de la roue à aubes : 0m,95.

Fig. 39. — Rotation du conducteur assis qui commande le gouvernail.

Nombre de pales : 4 (articulées).

Largeur des pales : 0m,81.

Hauteur des pales : 0m,11.

Moteur Train, 2 temps, refroidissement par ventilateur.

Puissance : 1 CV 3/4.

Nombre de tours du moteur : 1.600.

Nombre de tours de la roue à aubes : 62.

Nombre de tours de la commande de la scie : 320.

Largeur de coupe : 1m,72.

Profondeur de coupe : 0m,20 à 0m,40.

Modifications
(Modèle 1928).

Coque : très robuste en tôle d'acier de 2m/m d'épaisseur, armaturée intérieurement, extrêmement rigide. Longueur : 3m,25 ; longueur totale y compris faucheuse, roue et gouvernails : 4m,40 environ ; largeur : 1m,13 ; hauteur de coque : 0m,44.

Poids du bateau complet : environ 450 kgs.

Largeur de la coupe de la faucheuse : 2m,05.

Tirant d'eau : 18 centimètres environ.

Barre coupeuse rapidement réglable à toute profondeur de 0m,20 à 0m,50.

Fig. 40. — Passager sur « Motofaucardette ».

La faucheuse se relève au-dessus de l'eau pour évolutions et entretien.

Ce bateau est pourvu en outre d'une deuxième barre-coupeuse placée verticalement à l'avant, également actionnée par le moteur, qui sert à couper les herbes qui tendraient à être entraînées. Ce système supprime complètement toute main-d'œuvre pour l'écoulement des herbes coupées.

Propulsion : par une roue perfectionnée à aubes articulées d'un rendement très supérieur donnant au bateau une grande vitesse et une force de poussée qui permet de faucarder dans les cas les plus difficiles, végétations fortes et serrées, etc.

Direction facile et commode au moyen d'un volant manœuvrant deux gouvernails conjugués d'une action très efficace.

Le moteur « Train » de 2 CV 1/2 est un groupe industriel léger à refroidissement par air ventilé, et régulateur. Il actionne une transmission montée sur roulements à billes, *munie de deux embrayages progressifs à friction*, dont l'un entraîne la faucheuse (les deux barres-coupeuses ensemble), l'autre la roue de propulsion.

Emploi général des roulements et butées à billes partout où cela est nécessaire : quatorze roulements et trois butées.

Les engrenages sont taillés dans la masse.

Les deux barres-coupeuses sont pourvues de doigts spéciaux Massey-Harris d'origine, du système spécial à lames découvertes, qui permet de couper sans arrêt toutes les végétations, même les herbes limoneuses.

Ce petit bateau faucardeur réalise au plus haut point :

Légèreté et dimensions restreintes permettant la mise à l'eau et le chargement sur un chariot quelconque sans instrument de levage, facilité d'évolution dans endroits exigus ou sinueux.

Action intense et rapide, rendement élevé permettant de faucarder de grandes étendues.

Grande facilité de conduite : assis sur le siège, volant en mains, les deux débrayages à portée, c'est un véritable amusement de piloter cet engin. Il a été tout spécialement étudié pour être manœuvré par un seul homme : non seulement une deuxième personne n'est pas nécessaire, mais il préférable d'éviter le poids d'un passager augmentant le tirant d'eau et empêchant de couper aussi près du bord.

Grande économie d'emploi, faible prix de revient à l'hectare ; cet engin fonctionne avec une consommation d'essence de 1 litre 1/4 environ à l'heure et une seule personne pour le conduire.

Prix d'achat très modéré en raison de la construction extrêmement soignée et des nombreux perfectionnements qui font de ce petit bateau faucardeur l'engin le plus pratique et le plus avantageux qui existe. Sa durée est pratiquement illimitée.

Prix 9.500 francs sans chariot.

Michel LHÉRITIER, Professeur d'Aquiculture à Ambazac (Haute-Vienne) (fig. 16).

La faucheuse aquatique amovible « Euréka » a été conçue dans le butde détruire les plantes aquatiques de toutes sortes spécialement dans les parties les moins profondes des étangs, celles où, comme on le sait, se développe le plus facilement le plancton.

La première qualité d'un tel appareil devait donc être la légèreté ; or, il la possède au suprême degré, puisque, en ordre de marche avec une barre coupeuse de $1^{m},40$ de large, la faucheuse « Euréka » ne pèse que 38 kgs.

Elle se compose :

I. — D'un bâti muni de deux crochets s'agrippant sur le bordage du bateau, auquel ils se fixent au moyen de deux vis à oreilles; les branches inférieures du bâti sont incurvées vers l'avant de manière à soutenir la barre coupeuse en position de porte-à-faux.

II. — D'une barre coupeuse analogue à celle des faucheuses agricoles.

III. — D'un dispositif à crémaillère permettant de faire varier la profondeur de coupe.

IV. — D'un double versoir en tôle d'acier galvanisée, d'une forme spécialement étudiée pour produire, à l'avancement de l'esquif, un double courant qui rejette les végétaux coupés en dehors du champ de coupe.

V. — D'un levier de manœuvre à deux branches en forme de V très ouvert servant à actionner la lame.

Un homme, placé à l'avant de l'embarcation, devant la faucheuse, actionne en va-et-vient le levier de manœuvre qu'il tient de chaque côté, à la main, et ce mouvement est transmis, par l'arbre vertical et un bras horizontal, à la lame qui coupe ainsi les herbes.

L'excellente photographie de l'Office des Recherches montre parfaitement tous ces détails et rend inutile une description plus détaillée.

La faucheuse peut s'installer rapidement sur une embarcation quelconque; cependant, il est préférable d'employer les bateaux à fond plat. Ce sont les plus stables, les plus pratiques pour les différents travaux aquicoles et, surtout, ceux qui ont le tirant d'eau minimum.

Pour fixer le plus solidement possible l'appareil, il est préférable que le tableau du bateau soit vertical.

Dans l'appareil présenté en 1927, les doigts de la lame faucheuse étaient beaucoup plus effilés que ceux de l' « Euréka » de 1926.

Le modèle 1928 comporte en plus une scie verticale amovible, de sorte que la faucheuse « Euréka » est munie maintenant des derniers perfectionnements.

Caractéristiques :

Poids des différents éléments de l'appareil :

Barre faucheuse de 2 mètres.	21 kgs.
Barre de 1m,40.	14 —
Support bâti	15 —
Axe vertical	5 —
Crémaillère	4 —
Poids total (barre de 2 mètres)	45 —
Poids total (barre de 1m,40).	38 —

CHAPITRE III

Rapport du Jury - Tableau des résultats Conseils de M. Gallice

1927

Rapport du Jury.

Le jury de 1926, dans un rapport publié à la suite du concours de Belval, avait émis le vœu qu'une deuxième manifestation eût lieu cette année. L'Union nationale des Syndicats de l'Etang a bien voulu se rendre à ce désir et vient d'enregistrer un succès, un grand succès.

Grand, non seulement par le nombre des appareils présentés, mais aussi par leur qualité; grand également par le nombre des visiteurs.

La Commission d'organisation a jugé bon de procéder aux épreuves dans une région voisine de Paris. Elle avait un double but : permettre à un plus grand nombre de personnes d'assister à cette manifestation et, par suite, faire mieux apprécier en plein travail les appareils des constructeurs.

A proximité de Paris, seuls les étangs choisis par la Commission (groupe Saint-Hubert, de Pourras, du Corbet, de Bourgneuf et étangs de Saclay) offraient une surface couverte de végétation suffisante pour faire travailler un aussi grand nombre de bateaux.

Mais ce sont moins de véritables étangs que des réservoirs d'eau (ils ont été établis sous le règne de Louis XIV avec quelques autres pour alimenter en eau le parc de Versailles) et l'irrégularité de leur fond a rendu parfois précaire l'homogénéité des lots. Les nombres relevés au cours du travail ne doivent donc être considérés que comme approximatifs.

Le classement dans chaque catégorie ne saurait d'ailleurs être modifié de ce chef.

Il ne faudrait pas non plus chercher à comparer les prix de revient de 1927 avec ceux de 1926 ; les prix de la main-d'œuvre, de la traction et des combustibles ayant fortement varié d'une année à l'autre.

Encore convient-il de faire à ce propos une observation. Le jury avait l'obligation, d'après le règlement, de calculer l'amortissement des engins pour une durée de 500 heures. Or la construction soignée de coques et des organes mécaniques autorisait à porter facilement au double cette durée. Le prix du faucardement de l'hectare serait dans ce cas de 41 fr. 60 seulement, au lieu de 62 fr. 60, et le coût, à l'heure, de 27 fr. 75, au lieu de 41 fr. 75, pour le bateau Collas-Jacques n° 1.

Deux de nos collègues ont déjà parlé en détail des épreuves et donné la description des différents modèles présentés. Nous n'y reviendrons pas; nous nous contenterons de résumer les caractéristiques des appareils et les résultats des épreuves dans les deux tableaux qu'on trouvera plus loin.

Mais nous nous unirons à nos collègues pour remercier chaleureusement tous ceux qui nous ont apporté un concours précieux. MM. Marcel Plateau, Chavenon, Repusseau, locataires des étangs, la Société des automobiles Peugeot qui a mis gracieusement deux gros camions à notre disposition, lesquels ont remarquablement opéré la traction des bateaux sur terre, la Raffinerie de pétrole du Nord qui nous a fourni son excellente Eoline, la Société des huiles Renault qui a lubrifié les moteurs concurrents. — Ceux qui ont facilité notre tâche, MM. Ricard, Inspecteur-adjoint des Eaux et Forêts de Rambouillet, Aulon, Inspecteur du Service des Eaux de Versailles, Guingand, son collaborateur dévoué, Georges-Antoine May, incomparable maire des Bréviaires; ceux, enfin, qui nous ont prouvé au cours d'épreuves décisives que les aimables réceptions des riverains des étangs, que ce soit à Bourgneuf, à Pourras ou à Saclay, primaient, et de loin! la fameuse hospitalité écossaise! Nous voulons parler de MM. Marcel Plateau, Repusseau et son éminent collaborateur Périnaud, Georges-Antoine May.

De très beaux clichés ont été pris, pendant le concours, avec l'aimable autorisation de M. Breton, par le sympathique opérateur de l'Office National des Recherches et Inventions et par la maison Pathé. Cette collection constituera un précieux souvenir pour ceux qui y ont assisté.

Les enseignements de Belval ont porté leurs fruits et on peut dire aujourd'hui que le but cherché par les pisciculteurs est pleinement atteint. Mais nous verrons plus loin que d'autres questions se greffent sur celle du faucardement des étangs et que le concours de 1927 pourra bien devenir le point de départ d'une ère intéressante pour de nombreux usagers et, nous l'espérons, féconde pour les constructeurs.

Ce qu'il importe de retenir du Concours de 1927, ce sont les progrès énormes réalisés par les constructeurs depuis l'an dernier. Progrès en tous genres, travail beaucoup plus rapide, plus de légèreté, partant grande facilité de manœuvre et temps gagné pour les mises à terre et à l'eau; transports rapides d'un étang à l'autre, transmissions mécaniques soignées. On a remarqué, en particulier, les avantages offerts par les solutions suivantes : l'adaptation de la faucheuse verticale employée déjà par M. Amiot, l'heureuse modification des doigts de la faucheuse due à M. Collas; l'aube à palettes articulées de M. Lauvergnat.

Pour la première fois, nous avons vu fonctionner le bateau du solitaire : la motofaucardette Lauvergnat. Des membres du jury ont pu se rendre compte par des essais personnels que la conduite de ce bateau, dans les joncs comme en eau libre, était vraiment facile.

Quelques très légères améliorations en feront l'engin rêvé pour nettoyer les petits étangs ou même... pour chasser!

Le problème qui avait été posé aux constructeurs peut être considéré comme résolu : on nettoie facilement et économiquement les étangs envahis par la végétation; on transporte aisément les engins d'un étang à l'autre.

Il fallait, en 1926, 3 h. 20 pour faucarder 1 hectare avec une consommation de 3 l. 500 d'essence.

Il ne faut plus, en 1927, que 1 h. 30 et 2 l. 450 d'essence.

Inutile d'en dire davantage.

Mais, si le jury est heureux de décerner des éloges, il a surtout le devoir de faire des critiques; il faut entendre ici le mot dans sa meilleure acception : attirer l'attention sur les points qui laissent encore à désirer afin de provoquer de nouveaux perfectionnements.

M. Gallice s'est chargé de le faire dans un petit article dont le jury adopte bien volontiers les conclusions.

Conseils aux constructeurs par M. Gallice.

Nous ne ferons pas l'examen critique de chaque appareil; nous préférons généraliser et passer en revue les organes principaux des faucardeurs.

Coque. — Considérée au repos, la coque constitue le support nécessaire aux appareils de faucardement, au moteur, aux transmissions, au propulseur, à l'équipage.

Le « déplacement » de la coque dans l'eau correspond à la somme de tous ces poids et de celui de la coque. C'est le premier calcul à faire dans l'étude d'un bateau. Il faut ensuite répartir les poids soit dans le sens de l'axe du bateau, soit perpendiculairement à cet axe de manière que le tirant d'eau soit sensiblement le même dans toutes les parties de la coque. C'est une condition nécessaire et souvent mal observée pour pouvoir travailler en eau peu profonde.

La coque doit être stable sous peine d'être dangereuse ou de faire travailler la lame faucheuse en dehors du plan horizontal. On obtient la stabilité en abaissant autant que possible tous les organes pesants, surtout les principaux, comme le moteur, les arbres de transmission : on l'obtient aussi par la largeur. L'avantage de la largeur est, pour un même poids total, de diminuer le tirant d'eau. Donc, pas de bateaux étroits. Il faut en outre, pour les très grands étangs, que le franc-bord soit assez haut à cause des vagues que produit le vent.

Examinons maintenant la coque en mouvement. Il est évident que pour ne pas gaspiller la puissance du moteur, elle doit passer facilement dans l'eau. On pourrait être tenté de lui donner les formes plus ou moins effilées des embarcations modernes. Mais il ne faut pas perdre de vue que la vitesse d'un bateau faucardeur en travail ne sera jamais grande; il est peu probable qu'elle dépasse jamais 6 à 8 kilomètres à l'heure, mettons 10 kilomètres au maximum.

Cette faible vitesse des bateaux faucardeurs, leur fond plat et la section rectangulaire de leurs couples, les rendent plutôt comparables aux bateaux utilisés pour la navigation intérieure. Les formes de ceux-ci ont été remarquablement étudiées par M. de Mas, Ingénieur en chef des Ponts et Chaussées, qui a exposé les résultats de ses expériences dans une magistrale étude sur le « Matériel de la Batellerie ».

Les deux conditions à remplir d'après M. de Mas, pour obtenir le mimimum de résistance au passage de la coque dans l'eau sont : la propreté du bordé extérieur (pour avoir le moins de frottement possible) et le relèvement du fond.

Quand la coque avance dans l'eau, elle déplace un certain volume de liquide qui doit suivre les bords ou le fond du bateau et venir combler à l'arrière le vide qui tend à se produire. Former l'avant en pointe ou en cuiller est une excellente chose, mais seul, le relèvement du fond, à l'avant comme à l'arrière, assure le minimum d'effort de traction. Cela tient à ce que les filets d'eau, écartés par l'avant du bateau, glissent sans changement brusque de direction et se rejoignent sans heurts à l'arrière. Ils arrivent ainsi dans les meilleures conditions au propulseur. La coque est d'autant mieux réussie, au point de vue de ses formes, qu'elle déplace moins d'eau sous forme de vagues (houache); autant d'eau déplacée, autant de travail dépensé en pure perte.

Si l'on terminait l'arrière de la coque, par exemple, par un plan vertical transversal, il reproduirait ce qu'on peut observer à l'arrière d'une péniche flamande circulant dans un canal ; une masse d'eau assez grande est entraînée par l'arrière et suit le bateau avec la même vitesse que lui. C'est un travail inutile et, de plus, le propulseur travaillerait dans de l'eau en mouvement vers l'avant, c'est-à-dire dans de très mauvaises conditions.

La coque peut être faite en tôle ou en bois. Chacun de ces matériaux a ses avantages et ses inconvénients. La tôle rouille facilement, il lui faut une couche de peinture tous les ans ou au moins tous les deux ans; moyennant cette précaution sa durée est très grande.

Le bois pourrit assez vite si on ne soigne pas le bateau ou s'il a été employé dans de mauvaises conditions de siccité. Une coque de bois laissée au sec et à la chaleur fait facilement eau.

L'important, pour concilier la solidité et la légèreté, est d'imiter les spécialistes. C'est moins l'épaisseur du bordé qui donne du raide à la coque et l'empêche de se déformer que l'ensemble formé par des couples rapprochés et des liaisons bien étudiées, liaisons longitudinales et diagonales.

Il y a lieu d'éviter les vibrations souvent transmises à la coque par le moteur ou certaines transmissions, elles pourraient à la longue compromettre son étanchéité.

Propulseur. — En ce qui concerne le propulseur, il y a peu à dire. Le bateau faucardeur est appelé à travailler au milieu des herbes et dans de très faibles profondeurs ; pour ces deux raisons, il faut proscrire l'emploi de l'hélice immergée. Quant à l'hélice aérienne, parfois proposée, son rendement n'est à peu près bon que sur des engins animés d'une très grande vitesse. Les faucardeurs, comme les bateaux à faible tirant d'eau des lacs, se contentent de la roue à aubes. On avait adopté d'abord les pales fixes de crainte que les herbes ne gênassent les articulations des pales. M. Lauvergnat nous a magistralement démontré que ces craintes étaient vaines.

S'il est utile que les filets d'eau arrivent sans remous aux pales du propulseur, il est nécessaire qu'aucun obstacle ne les arrête en arrière. Il faut donc proscrire toute traverse ou ferrure sur lesquelles pourraient s'amasser les herbes coupées.

Gouvernail. — Deux principes à retenir sur le fonctionnement de cet organe : 1° Le gouvernail n'a d'effet que si son safran est frappé par des filets d'eau en mouvements. 2° Son action est maxima quand le plan du safran fait un angle de 45° avec l'axe du bateau.

En vertu du premier principe, quand le propulseur et le bateau sont immobiles, l'action du gouvernail est nulle. Cette action est maxima lorsque le bateau atteint sa plus grande vitesse.

Dans un cas particulier, le gouvernail peut avoir une action même si le bateau ne bouge pas ; si l'avant, par exemple, est arrêté par un obstacle. Les filets d'eau chassés vers l'arrière par le propulseur recul frappent le safran du gouvernail ; si la surface de l'eau est libre près de l'arrière, celui-ci se déplacera du côté où l'on a poussé la barre.

Ceci n'aurait qu'un intérêt théorique si nous ne pouvions en tirer un enseignement : savoir qu'un gouvernail unique, placé au milieu du courant formé par le propulseur a plus d'action que deux gouvernails latéraux.

3° Inutile de dépasser 40 à 45° pour l'angle de la barre avec l'axe du bateau ; on brise sa vitesse et on ne change pas plus vite de direction.

Au point de vue pratique, il faut éviter, dans la construction du gouvernail et de ses supports, tout ce qui pourrait accrocher les herbes coupées.

La barre franche est toujours préférable à toute autre commande du gouvernail parce que plus simple et d'un effet beaucoup plus rapide.

Moteur. — Il existe maintenant d'excellents moteurs *même parmi les modèles très légers.* Mais il faut, dans ce dernier cas, éviter soigneusement de les pousser au delà du nombre de tours prévus par le constructeur. En tout cas, ne jamais utiliser plus de 75 0/0 de leur puissance maxima, si l'on veut obtenir d'eux un service prolongé.

Certains groupes moteurs comprennent les organes de refroidissement; ils sont très pratiques. Dans le cas où on doit avoir recours à une pompe de circulation, il est presque indispensable pour éviter l'obstruction de la crépine par les herbes, de prendre l'eau dans un puits intérieur.

Une pompe de cale commandée par le moteur, ou un robinet à trois voies sur la canalisation d'aspiration de la pompe de circulation d'eau, sont commodes pour assécher le fond du bateau.

Nous aimerions voir, sur les groupes moteurs confiés à un manœuvre quelconque, un organe qui provoque l'arrêt de l'allumage quand le graissage ou le refroidissement cessent d'être assurés.

Faucheuses. — La lame faucheuse, sa commande, ses supports à profondeur variable ont été l'objet d'études très complètes de la part des constructeurs. Il faut donner une grande solidité aux supports, car la lame est toujours exposée à rencontrer des obstacles invisibles pour le pilote.

Nous constatons avec surprise une certaine répugnance, de la part des constructeurs, à adopter, comme l'a fait M. Amiot, une grande largeur de coupe. Cependant l'avantage est évident.

Prenons un bateau ayant $1^m,50$ de largeur; si la lame a 2 mètres de largeur, il y aura, entre le bateau et les herbes non coupées 2 mètres — $1^m,50 = 0^m,50$ de passage pour les herbes coupées, soit $0^m,25$ seulement de chaque côté et, au total, le quart de la largeur de la coupe.

Si on adapte à ce même bateau une scie de 3 mètres, le passage aura 3 mètres — $1^m,50 = 1^m,50$, soit $0^m,75$ de chaque côté et la moitié de la largeur de la coupe comme passage.

L'expérience montre qu'avec une lame de 3 mètres, toutes choses égales d'ailleurs, un bateau de $1^m,60$ va *plus vite* qu'avec une lame de 2 mètres, et, comme la surface coupée est de moitié plus grande, il y a double avantage.

Transmissions. — Elles sont généralement bien étudiées. Elles doivent être aussi simples que possible et peu élevées au-dessus du fond du bateau. Les courroies donnent parfois lieu à quelques ennuis lorsqu'elles sont trop courtes ou exposées à être mouillées. Il est difficile de les supprimer car elles protègent tout le mécanisme, en patinant ou en sautant des poulies, quand un obstacle ou une épave arrêtent brusquement le propulseur ou la faucheuse.

Si on voulait les remplacer par un embrayage, celui-ci devrait avoir une limite maxima d'adhérence.

L'usage des paliers à billes se répand : c'est un indice d'une construction soignée.

Il ne faut pas négliger d'équilibrer avec soin les masses animées d'un mouvement rapide, telles que les bielles, les boutons de manivelles, vilbrequins ou excentriques, etc., et d'éviter de leur donner une masse trop importante.

Mise à terre et mise à l'eau. — Là encore de grands progrès ont été enregistrés depuis les épreuves de Belval. Les bateaux ont été mis rapidement sur leurs chariots, les temps variant de 5 à 30 minutes. Un seul, le plus lourd, a demandé 53 minutes. Mais il a fallu, pour six bateaux sur huit, l'aide d'un camion automobile pour tirer les chariots du bord de l'eau jusque sur la chaussée. C'est un moyen que tous les propriétaires d'étangs ne peuvent pas employer.

Avec l'outillage présenté cette année, la mise à l'eau ou la mise à terre serait également très laborieuse dans le cas très fréquent où la chaussée de l'étang est abrupte des deux côtés et trop étroite pour qu'on puisse tirer ainsi le chariot en travers, dans les cas, également, où la chaussée est très élevée (ordre de $0^m,60$ à 1 mètre) au-dessus du plan d'eau. Dans ces deux cas, il faut pouvoir arrêter le chariot sur la chaussée même et se contenter de lui faire faire sur place un quart de tour.

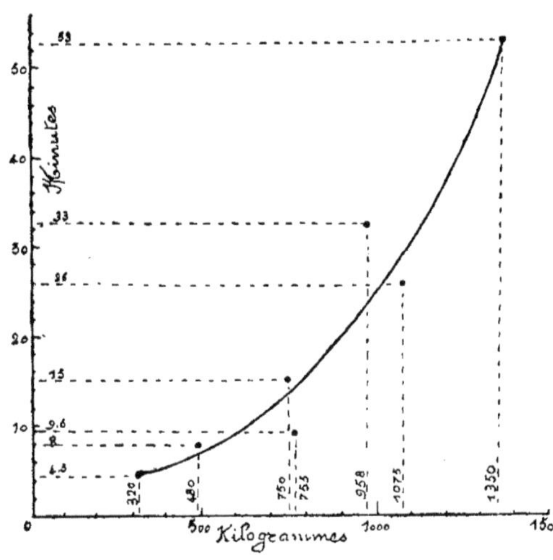

Fig. 41. — Courbe des manœuvres.

Il est donc nécessaire de prolonger jusque dans l'eau le chemin de roulement du bateau.

En pratique, la manœuvre devient aisée si on prolonge par un poulain de 5 à 6 mètres les longerons du chariot. Ce poulain pourrait recevoir lui aussi des rouleaux et trouver sa place pour le transport sur ou sous les longerons du chariot.

Peut-être verrons-nous plus tard le bateau se placer sur un chariot à chenilles qui pourrait circuler sur les terrains les plus tourbeux. Une transmission par chaîne et barbotins relierait l'arbre de la roue à aubes à la commande de la chenille. C'est donc le moteur du bateau qui serait utilisé.

M. Amiot a, d'ailleurs, pensé déjà à utiliser le moteur pour les déplacements sur terre.

Pour mettre en évidence l'influence de la légèreté du bateau sur la rapidité de sa mise à terre, nous avons tracé la courbe ci-dessus qui passe approximativement par les points représentatifs des manœuvres. On obtient le point de chaque bateau par la rencontre de la verticale qui représente son poids et de l'horizontale qui indique le temps de la mise à terre.

Si les temps étaient proportionnels aux poids, cette courbe serait une ligne droite, on voit que les durées de la manœuvre croissent beaucoup plus vite que les poids.

Nous pourrions considérer notre mission comme terminée si, comme nous l'avons dit en commençant, deux questions connexes ne se posaient pas; nous voulons parler du faucardement du fond des étangs et celui des cours d'eau et de la création de débouchés pour les constructeurs.

Ceux-ci ont engagé de très gros frais pour établir les modèles qu'ils vous ont présentés et pour leur mise au point. Il est à craindre que le nombre de bateaux à construire pour les propriétaires d'étangs ne soit pas assez considérable pour compenser les dépenses déjà faites et assurer un bénéfice légitime. D'autre part, l'Union nationale des syndicats de l'Etang, à qui nous devons les deux concours qui ont eu lieu, sortirait peut-être de son but en s'occupant du faucardement des cours d'eau.

Et pourtant il y a là beaucoup à faire. La pénurie et la cherté de la main-d'œuvre rendent très difficile le bon entretien des cours d'eau navigables ou non; on peut même dire que cet entretien est tout à fait négligé, ce qui peut avoir de graves conséquences au moment des crues. Bien des terrains, des prés, deviennent marécageux uniquement parce que l'écoulement normal des eaux n'est plus assuré à l'aval. Dans nos colonies, à l'étranger, de nombreuses voies d'eau, seules voies de communication, sont abandonnées à la suite de leur envahissement par les herbes.

Si les ministères intéressés voulaient bien faire, en faveur de nos constructeurs, le léger effort nécessaire, nous sommes convaincus que la question du faucardement économique des fonds serait très rapidement résolue; nous n'en voulons pour preuve que les essais qui ont été faits à Bourgneuf, essais dont nous allons dire quelques mots.

M. J. Gonnet qui, bien qu'inscrit en 1926 n'avait pas pu prendre part au concours, a présenté cette année son appareil et l'a piloté de main de maître pendant toute la durée des épreuves. Tous les spécialistes ont été vivement intéressés par cette démonstration et se sont rendus compte, pour le nettoiement du fond, de l'efficacité de la faucheuse picarde.

Mais la vitesse du bateau semblait bien faible à côté de celle des faucardeurs et, naturellement, la surface nettoyée s'en ressentait.

Nous nous sommes demandés s'il ne serait pas possible de faire remorquer le bateau Gonnet par un des faucardeurs; d'aucuns craignaient que l'effort réclamé par le tirage de la faux-picarde n'arrêtât le remorqueur.

Finalement, grâce à la bonne volonté de tous, une expérience fut tentée le 24 juillet dans la matinée. Le bateau Gonnet fut amarré derrière le Hencké-Xénard n° 1 par deux cordages croisés; puis on embraya très progressivement la roue à aubes. On put ainsi travailler sans aucun arrêt pendant plus de vingt minutes et ne regagner la chaussée que volontairement après un virage exécuté sans difficulté.

La quantité d'herbes et de joncs coupés qui apparaissaient au-dessus de la faux-picarde était impressionnante.

Il est donc prouvé qu'un bateau faucardeur, muni comme le bateau Gonnet, d'une faux-picarde et de sa commande, peut s'ouvrir un chemin au travers des herbes, des joncs, ou des roseaux de surface et nettoyer parfaitement le fond en arrière.

Etudier et construire un tel bateau n'offre aucune difficulté; il est même à souhaiter qu'une commande mécanique remplace l'installation d'air comprimé qui ne laisse pas que d'être un peu délicate.

Telles sont, Messieurs, les leçons que nous avons cru pouvoir tirer du Concours de faucardement de 1927. Les résultats qu'il a fournis et ceux qu'il laisse entrevoir sont des plus intéressants. Félicitons l'Union nationale des Syndicats de l'Etang de son heureuse initiative et sa Commission d'organisation, si bien représentée par M. Hirsch, du succès qui a couronné ses efforts.

TABLEAU

BATEAUX	POIDS	LONGUEUR	LARGEUR	PROFONDEUR	DIAMÈTRE de la roue	NOMBRE des pales	LARGEUR des pales	HAUTEUR des pales
1re catégorie.								
Amiot....................	1.350 kgs.	5m,13	1m,62	0m,52	0m,90	5	0,28×2=0,56	14
Collas et Jacques, n° 1......	1.075 —	5m,50	1m,20-1m,60	0m,50	1m,02	6	1m,04	24
Lauvergnat, n° 1..........	958 —	5m,31	1m,50	0m,55	0m,95	4 articulées	0m,79	19
2e catégorie.								
Collas et Jacques, n° 2.....	755 —	?	1m,10-1m,40	0m,50	1m,02	4	?	?
Hencké et Xénard, n° 1.....	750 —	5m,08	1m,25	0m,50	0m,97	5	1m,16	29.5
3e catégorie.								
Gonnet....................	320 —	5m,13	1m,04	0m,37	Compresseur	Boucheron 2	cyl., 8 kilos,	bouteille
Hencké et Xénard, n° 2....	480 —	5m,05	1m,25	0m,40	?	6	0,30×2=0,60	20
Lauvergnat, n° 2..........	337 —	2m,85	1m,10	0m,45	1m,05	4 articulées	0m,81	11
4e catégorie.								
Lhéritier..................	38 — 45 —							

BATEAUX	Construction	POIDS	PRIX	PRIX par kilo	VITESSE eau libre	VITESSE eau enfoncée	TEMPS à l'hectare	HECTARES en 3 heures	PRIX à l'hectare
Amiot..............	tôle	1.350 kgs.	13.250 fr.	9 fr. 80	»	»	»	»	»
Collas et Jacques, n° 1.	tôle	1.075 —	14.000 —	13 francs.		5 km. 650	1 h. 30'	5 hect. 33	62 fr. 60
Lauvergnat, n° 1....	tôle	958 —	17.000 —	17 fr. 75	7 km. 350		2 h. 05'	4 hect. 80	99 fr. 10
Collas et Jacques, n° 2.	bois	755 —	11.000 —	14 fr. 60	4 km. 750		2 h. 29'	3 hect. 20	87 fr. 25
Hencké et Xénard, n° 1..............	tôle	750 —	12.000 —	16 francs.	4 km. 500		3 h. 40'	2 hect. 20	132 fr. 90
Gonnet.............	bois	320 —	6.500 —	20 fr. 15					
Hencké et Xénard, n° 2...........	tôle	480 —	7.500 —	15 fr. 65					
Lauvergnat, n° 2....	tôle	337 —	7.800 —	23 fr. 20	(2)	3 km. 250			
Lhéritier...........	tôle	38 —	1.000 —	26 fr. 15					103 francs.
		45 —	1.500 —	33 fr. 40					

RÉCAPITULATIF

MOTEUR	PUISSANCE	NOMBRE de tours	NOMBRE de tours de la roue	NOMBRE de tours de la scie	LARGEUR de coupe	PROFONDEUR de coupe	REFROIDISSEMENT
Chapuis-Dornier.	4 cyl., 11 CV	1.800	35	?	4 mètres	0^{m},30 à 0^{m},80	pompe à engrenages.
Bernard.	5 CV	800	40	250	2^{m},50	0^{m},00 à 0^{m},60	thermo-radiateur.
Train, 2 cyl., 4 temps.	7 CV	1.600	60	375	2^{m},86	0^{m},00 à 1^{m},02	pompe.
Bernard.	3 CV	700	35	220	2^{m},50 (!)	0^{m},00 à 0^{m},60	pompe radiateur.
de Dion-Bouton.	3 CV 1/2	1.500	?	?	2^{m},50	0^{m},25 à 0^{m},60	pompe et puits.
Guérin, 1 cyl., 2 temps.	2 CV 1/2	Cylindre à air comprimé.			2^{m} à 3^{m},50	fond	pompe à engrenages.
Train, 2 temps.	1 CV 1/2	1.200	35		1^{m},50 et 2^{m}.	0^{m},20 à 0^{m},30	ventilateur.
Train, 2 temps.	1 CV 1/2	1 600	62	320	1^{m},72	0^{m},20, 0,^{m}30 et 0^{m},40	—
					1^{m},40	0^{m},00 à 0^{m},40	
					2 mètres		

PRIX à l'heure	MISE à terre	MISE à l'eau	HOMMES pour faucarder	HOMMES pour manœuvrer	CAMION ou chevaux	PROFONDEUR pour racler le fond	Profondeur minima de fauche	OBSERVATIONS
»	53 minutes.	22 minutes.	2	4	4 minutes.	»	»	
41 fr. 75	26 —	12 —	2	4	2 —	22	0,30-0,32	
47 fr. 65	33 —	30 —	2	3	3 —	25	0^{m},36	
35 francs.	9^{m},1/2	10 —	2	terre 4 et eau 2		20	0^{m},25	
36 francs.	15 minutes.	12 —	2	3 et 3		(1) 40	0^{m},40	(1) AR touche.
	4^{m},1/2	3 —	2	3		20	0^{m},15	
	8 minutes.	4 —	2	4 et 2			0^{m},25	
	16 minutes.	5 —	1	1	3 —	20	0^{m},25	(2) Ferait 6 à 6,5 km. en eau libre. Mousses à la surface de l'eau et potamots en dessous.
						12	0^{m},15	

CHAPITRE IV

Le banquet de Versailles du 26 juillet 1927

Le Concours des bateaux faucardeurs s'est terminé par un banquet qui a eu lieu à Versailles, à l'Hôtel de France, place du Palais, dans la soirée du 26 juillet 1927 et auquel assistaient M. le Conservateur des Eaux et Forêts Allotte, représentant M. le Ministre de l'Agriculture empêché; MM. les Conservateurs Lilette et Demorlaine; M. l'Inspecteur Billaudel; MM. Denizet, président de l'Union; Ricard, Inspecteur-Adjoint des Eaux et Forêts; Aulon et Guingand, du Service des Eaux de Versailles; Gallice, de la Giraudière, Hirsch, de Neufbourg, membres du Bureau de l'Union; Alexandre Daïa, représentant de la Roumanie; de nombreux pisciculteurs, membres de l'Union; les constructeurs des bateaux présentés.

Le repas fut remarquablement servi et la cuisine excellente ; au dessert, au moment où les verres se remplissaient du champagne si apprécié offert par notre aimable collègue, M. Pol-Roger, et par la maison Perrier-Jouët, les toasts suivants furent prononcés :

M. Denizet, Président de l'Union se leva le premier et s'exprima en ces termes :

« Monsieur le Représentant du Ministre de l'Agriculture,
» Mes chers Collègues,
» Messieurs,

» Nous avons terminé aujourd'hui les deuxièmes épreuves de faucardement et nous allons distribuer aux concurrents les récompenses qu'ils ont méritées.

» Nous avons constaté de la part de tous de grands progrès accomplis ; on touche à la perfection et on peut espérer qu'en faisant l'an prochain un dernier concours, les pisciculteurs seront dotés d'appareils excellents répondant à tous les besoins, à tous les faucardements; aussi ai-je proposé aujourd'hui à notre Conseil d'administration de décider ce concours.

» Il n'est plus besoin de longs jours pour étudier les appareils qui ne seront plus guère modifiés dans leur essence, deux ou trois journées devraient suffire.

» Ce concours aura lieu cette fois dans une région importante d'étangs, dans le centre même de la France, en un point facilement accessible, à une époque absolument favorable.

» Je vous convie donc, Messieurs les Constructeurs, à y prendre part avec des appareils modifiés dans le sens indiqué par le jury.

» Le but que s'est proposé l'Union, en établissant ces concours, n'a pas été seulement de doter les membres de l'Union d'un instrument susceptible de débarrasser des joncs les étangs que faute de main-d'œuvre ils ne peuvent plus remettre en culture, mes collègues ont vu plus loin, ils ont voulu que les appareils qu'ils ont récompensés sortant de leurs étangs soient en état de faucarder aussi les rivières et les canaux qu'on ne peut plus débarrasser à main d'homme, ils ont voulu qu'ils soient utilisables dans nos colonies où ils sont appelés à rendre les plus grands services, et même à l'étranger.

» Mais, pour que ce but soit rempli, il y a une véritable campagne à entreprendre par une publicité habilement comprise, par la presse, par le cinéma, par les communications à nos agents coloniaux et aux consulats étrangers.

» L'œuvre entreprise par l'Union ne sera pas terminée lorsqu'elle aura amené à la perfection les appareils de nos constructeurs, elle aura encore à les aider par une propagation utile, propagande par tous les moyens.

» Avant de terminer, je suis heureux de remercier, en mon nom et au nom de l'Union, M. le Ministre de l'Agriculture, qui n'a cessé de témoigner à l'égard de notre association tout l'intérêt qu'il lui porte et qu'il porte au développement de la pisciculture d'eau douce en France.

» A M. le conservateur Allotte, représentant de M. le Ministre, qui pendant tout le concours a suivi les opérations avec un intérêt et une assiduité dont nous ne saurions trop lui être reconnaissants.

» A M. le conservateur Lilette, chef du Service de la Pisciculture, toujours si accueillant au président de l'Union.

» A M. Gallice, le président dévoué du concours et le juge impeccable des mérites des concurrents; à M. Hirsch, qui avait bien voulu assumer la tâche ingrate de l'organisation et de la publication du compte rendu technique.

» A M. le comte Neufbourg, qui a si bien secondé nos collègues et comme membre du jury et comme organisateur.

» A notre dévoué collègue M. Pol-Roger, qui nous a si aimablement accueilli l'an dernier et qui a voulu être représenté ici cette année par l'un des meilleurs produits de la Champagne.

» A tous les amis de l'Union présents à ce banquet.

» Aux constructeurs, qui n'ont cessé de travailler depuis plusieurs années à l'œuvre entreprise par l'Union.

» A la Presse, sur laquelle nous comptons pour nous aider à propager les bateaux faucardeurs indispensables à une pisculture réellement productive ».

Au président de l'Union succéda M. le Conservateur Allotte, représentant M. le Ministre de l'Agriculture, qui prononça l'allocution suivante :

« Messieurs,

» Depuis que la main-d'œuvre agricole se faisait rare, depuis qu'elle est devenue, relativement au prix de vente des produits, chère et introuvable pendant les foins, les moissons, les battages, les labours, le jonc a envahi des milliers et des milliers d'hectares d'étangs, de canaux, de rivières les rendant improductifs au point de vue piscicole.

» Peu d'exploitants réagissaient, le jonc avançait rapidement, sans bataille, jusqu'au centre du courant.

» Il y avait bien, avant 1914, en France, deux ou trois bateaux faucardeurs à moteurs en action, ils pesaient trois tonnes et étaient d'une manœuvre difficile ; ils étaient d'ailleurs inconnus de la plupart des propriétaires d'étangs. Le jonc impassible poursuivait sa marche.

» Pendant la guerre, il régna définitivement.

» Alors, quelques précurseurs ont sonné le ralliement et ont créé l'Union des Syndicats de l'Etang, avec M. de Tarade comme praticien et M. le général de Morlaincourt comme ingénieur.

» En 1925, quelques appareils s'essayaient à refouler le jonc, mais ils étaient encore bien imparfaits. Il fallait mettre constructeurs et clients en présence.

» Lors de l'exposition piscicole de février 1926, l'idée de faire un concours de faucardement circula. Un inspecteur des Eaux et Forêts, propriétaire d'étang, M. Hirsch, assuma la charge d'une organisation difficile : sa ténacité, son dévouement, son activité aboutirent à rassembler, en mai 1926, plusieurs appareils et de nombreux praticiens à Belval-en-Argonne.

» Ce succès engagea l'Union des Syndicats de l'Etang à poursuivre ses efforts et un second concours fut organisé, dont nous venons de constater les merveilleux résultats.

» Nous avons vu fonctionner, aux étangs de Versailles, des bateaux faucardeurs pour toutes les nécessités, larges fleuves, lacs peu profonds, étangs de toutes dimensions.

» En 1926, le jonc était pratiquement et économiquement coupé jusqu'à 80 centimètres. En 1927, il est coupé plus vite, on peut dire jusqu'au bord de la rive et, résultat inespéré l'an dernier, il est évacué. Le jonc mort se défendait encore en s'accumulant devant le bateau. Son dernier effort est vaincu, grâce à une scie verticale.

» Peut-être aucun outil n'est-il encore parfait, mais nous possédons actuellement les éléments de la perfection. Un bateau maniable facilement et rapidement transportable, conduit par un seul homme à la rigueur, brûlant peu, solide et simple, la roue à palettes mobiles, la scie verticale de dégagement automatique, les lames attaquant nettement, la profondeur de coupe réglable en plein travail, le mécanisme rustique, un faible tirant d'eau, la vitesse de marche, nous avons tout cela. Voilà le progrès réalisé en deux ans.

» Nous avons à remercier M. Gallice, président du Jury, énergique, courtois, juste, avisé, et le si dévoué M. de Neufbourg; les inventeurs et les constructeurs, qui ne sont pas de grands capitaines d'industrie, assurés d'amortir leurs énormes frais d'étude, mais de modestes chercheurs, de laborieux bâtisseurs, que rien ne rebute, tels que les Lauvergnat, Collas et Jacques, Hencké et Xénard, Gonnet, Lhéritier.

» Vous avez tous le droit d'être fiers de pareils résultats. Grâce à vous s'est accru la richesse du sol français et celui de son empire colonial.

» Vous avez apporté à tous les hommes de labeur agricole du monde un don nouveau. Voilà qui est bien dans la manière de la France.

» Je bois à votre santé à tous et spécialement à celle de votre Président, toujours aussi jeune, M. Denizet ».

Au moment où les applaudissements cessaient, M. Alexandre Daïa, représentant au banquet de la nation amie de la France, la Roumanie, demanda la parole, qui lui fut accordée :

« Messieurs,

» Vous êtes sans doute surpris qu'un jeune homme comme moi, un étranger d'un pays lointain de la France, et qui n'est pas un maître de la langue française, se permette de parler devant une assemblée aussi choisie que celle que j'ai devant mes yeux ; mais une de nos anciennes coutumes demande que, chaque fois, lorsqu'un Roumain se trouve à une table, le premier verre de champagne soit levé à la santé du roi Michel Ier de Roumanie, récemment monté sur le trône du pays.

» Vous me permettrez, en même temps, de rendre, — dans cette assemblée qui représente la France travailleuse, la France productrice, la France saine, — un pieux hommage à la mémoire du roi Ferdinand Ier, le plus grand Roi de Roumanie, notre bon et saint Roi, qui, — mort dernièrement, sut travailler et se sacrifier, non seulement pour la paix de son pays, la Roumanie, mais pour l'Europe entière, dont nous sommes les premiers à recevoir la propagande révolutionnaire. Hohenzollern de naissance, il n'hésita pas, en 1916, à entrer en lutte contre les Allemands, pour achever l'unité roumaine. Grâce aussi à son intervention, la balance de la guerre devait s'incliner plus tard dans la faveur des Alliés, et surtout de la France, qui en ce moment-là était furieusement attaquée à Verdun par les troupes du Kronprinz.

» Mais n'oublions pas que c'est aussi avec l'aide de la généreuse et vaillante France que l'unité roumaine fut réalisée.

» Ceci dit, vous me permettrez, Messieurs, de rendre un hommage de gratitude à la France scientifique, qui répand la civilisation dans le monde et qui, par ses fils les plus doués, aide les autres pays pour qu'ils l'approchent en civilisation. C'est justement le cas pour nous, les Roumains, qui devons notre relèvement à la culture et à la science françaises.

» Messieurs, nous étions en retard avec la science ; la civilisation nous effleurait seulement, à cause de nos luttes séculaires contre les barbares de l'Orient, qui ne nous laissaient pas le temps de nous en occuper. Mais, depuis un siècle, nous puisons tous les jours la science et la culture que la générosité de la France livre au monde entier.

» Messieurs, le concours de faucardement, pendant lequel j'ai eu le plaisir de me documenter sur la question du fauchage des roseaux des étangs, m'a donné la possibilité d'admirer une fois de plus le génie de la France. La diversité des appareils, la conception des inventeurs et leurs réalisations intéressantes, le travail assidu du jury m'oblige à exprimer toute mon admiration pour tout ce qu'ils ont fait pendant notre séjour au Perrayet et à Saclay.

» Dans tout ce qu'ils ont fait, on retrouve le génie et l'intelligence de la belle France. Donc, pour ce pays de génie, pour ce pays glorieux, qui mène le drapeau de la civilisation dans le monde, criez, Messieurs, avec moi : « *Vive la France !* ».

Concours de faucardement 1927

PALMARÈS

1re Catégorie.

1er prix : *Collas Jacques* n° 1, médaille vermeil du Ministre de l'Agriculture.

2e prix : *Le Berry, à Lauvergnat*, médaille vermeil du Ministre de l'Agriculture.

2e Catégorie.

1er prix : *Collas-Jacques* n° 2, médaille vermeil de la Société des Agriculteurs de France.

2e prix : *Hencké et Xénard* n° 1, médaille de bronze de l'Union.

3e Catégorie.

1er et 2e prix *ex æquo* : *Motofaucardette, à Lauvergnat*, médaille de bronze du Ministre de l'Agriculture; *Le Figaro, à J. Gonnet*, médaille de bronze du Ministre de l'Agriculture.

3e prix : *Hencké et Xénard*, diplôme de l'Union.

4e Catégorie.

Prix : *Euréka, à M. Lhéritier*, médaille du Fishing Club de France.

CHAPITRE V

Nouveaux appareils

Depuis les manifestations de 1926 et 1927, de nouveaux appareils ont été étudiés, mais sans avoir pris part au Concours de 1927. Aucune appréciation ne peut donc être formulée à leur sujet, mais les lecteurs prendront certainement intérêt à la présentation des notes qui nous ont été remises relativement à ces nouveaux appareils.

Appareil Brumaresco.

M. Brumaresco a imaginé un dispositif prenant point d'appui sur le fond même. C'est une sorte de ponton, vaste embarcation presque carrée à flottabilité variable. Cet organe s'appuie au moyen de quatre montants verticaux sur deux patins longitudinaux qui reposent sur le fond ; la hauteur entre les patins et le flotteur est réglable et on peut obtenir un appui plus ou moins important. Par le jeu de ce réglage d'une part, et par l'admission plus ou moins grande d'eau dans les water-ballasts d'autre part,

Fig. 42. — Maquette de l'appareil Brumaresco.

l'appareil se plie ainsi aisément aux exigences de la coupe, dans les conditions les plus variées.

L'ancrage et la propulsion sont assurés par un caterpillar et par quatre crosses propulsives poussant vers l'arrière par le jeu d'un vilbrequin. L'inventeur a même prévu une hélice aérienne, pour le cas où l'appareil flotte librement.

Sur l'avant sont installés des dispositifs de coupe et d'arrachage avec treillis trans-

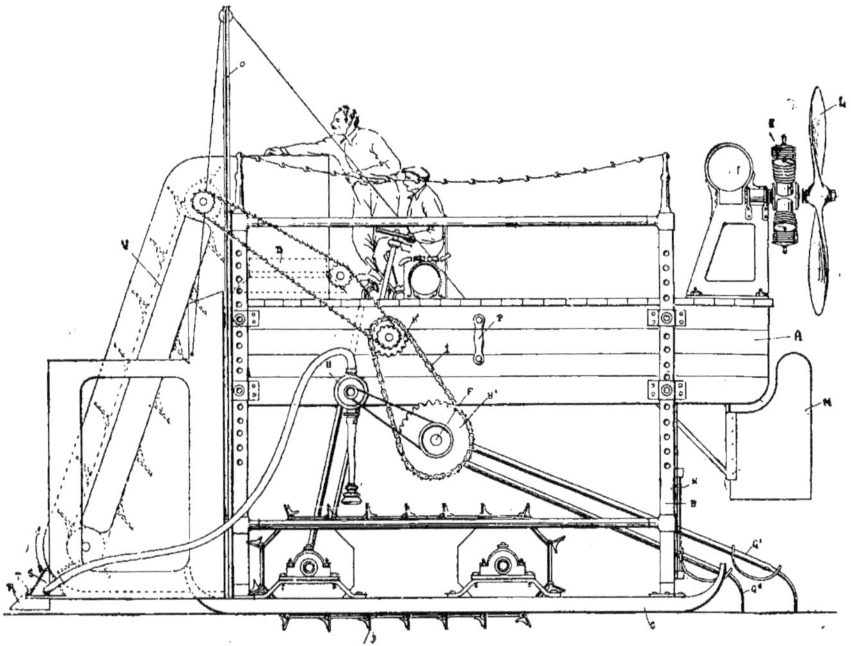

FIG. 43. — Schéma du squelette de l'appareil Brumaresco.

porteurs ramenant sur le pont les végétaux coupés ou arrachés. Voici d'ailleurs la description plus complète de l'appareil.

Celui-ci se compose d'un squelette solide en chêne, renforcé d'une armature métallique et câbles d'acier.

Ce squelette repose sur deux patins longitudinaux en bois, renforcés de fer à la partie inférieure et munis de sabots de fonte au bout. Il se complète par une série de montants verticaux qui soutiennent une plate-forme horizontale.

La longueur du squelette est de 4 mètres, sa largeur de 2 mètres et sa hauteur de 3 mètres.

L'appareil est construit de telle manière qu'il permet d'atteindre le fond des eaux qui ordinairement est sableux et non accidenté, la partie supérieure restant toujours au-dessus de l'eau.

A la partie supérieure de ce squelette parallélipipédique se trouve une plateforme rectangulaire en bois portant les moteurs A et B, les chaises des mécaniciens et tous les appareils de commande.

L'appareil dispose de trois systèmes de propulsion pouvant être mis en fonction indépendamment ou simultanément.

Le premier système est celui représenté dans les figures 42 à 45 par les barres d'acier G1-G6, finissant en bas par des griffes puissantes et articulés en haut à l'axe coudé F. Ces barres à griffes sont mises en mouvement par le moteur à benzine B, se trouvant sur la partie avant de la plate-forme.

Un second dispositif de propulsion est l'hélice aérienne S, mise en mouvement par le moteur d'aviation E de 85 HP et qui se trouve sur la partie arrière de la plate-forme.

Le troisième dispositif est composé d'un système de 2 hélices aquatiques se trouvant à la partie inférieure et postérieure de l'appareil, sur deux axes se mouvant sur un roulement à billes. Ces deux hélices d'eau sont mises en mouvement à volonté, actionnées par le moteur à l'aide de l'axe longitudinal et de deux chaînes de transmission engrenées sur roues dentées.

Ce complexe de moyens de propulsion a été prévu à dessein, car l'expérience seule pourra décider de celui à employer.

Le dispositif de coupe et d'arrachage se trouve à la partie avant du tank dans une capote spéciale; il est actionné par le moteur B à l'aide d'organes spéciaux de transmission : l'axe O, les roues dentées OZ, l'axe vertical Z et une série d'organes situés à la partie inférieure de la capote.

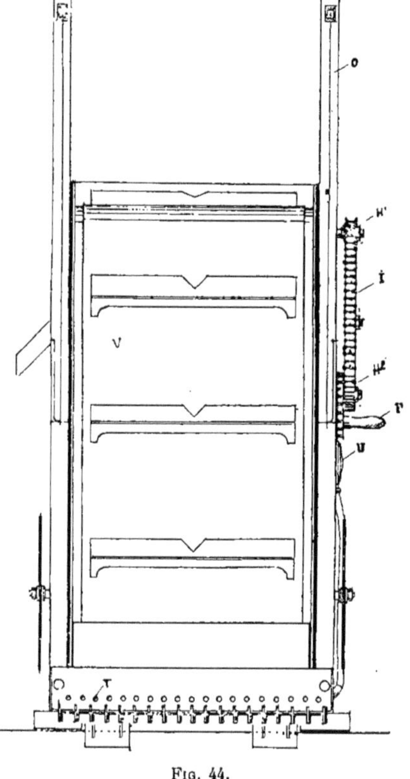

Fig. 44.

La coupe se fait par une série de couteaux horizontaux V se trouvant dans l'angle en face la capote. Ces couteaux sont montés sur une barre solide en fer qui possède un mouvement horizontal rapide de gauche à droite et inversement. Son fonctionnement est pareil à celui d'une machine à tondre.

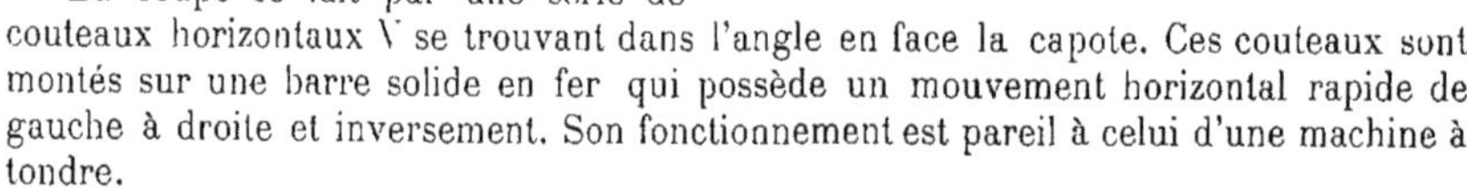

En dehors de ces couteaux, il existe encore deux séries de couteaux rotatifs, qui se meuvent sur les côtés de l'appareil et servent d'une part à couper les plantes tombant transversalement devant la machine et d'autre part à déraciner les plantes se trouvant sur sa route.

Pendant le fonctionnement, une pompe centrifuge, se trouvant au milieu de l'appareil, injecte un courant rapide d'eau tant sur les couteaux que sur les couteaux-scie, chassant les algues, les branches, feuillages qui pourraient s'y attacher. De cette manière les couteaux sont maintenus continuellement en bon état de fonctionnement.

Tout le dispositif de coupe peut être amené au-dessus de l'eau, même pendant le travail, à l'aide des poulies, et les couteaux peuvent être remplacés, examinés, etc.

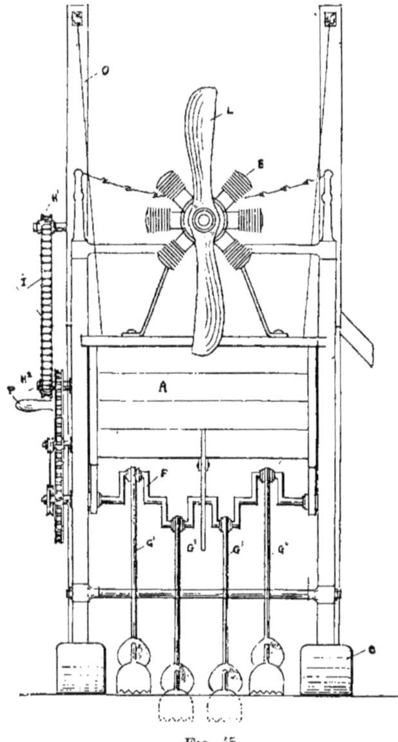

Fig. 45.

L'appareil est entouré à l'extérieur d'un réseau de fil de fer fixé à son squelette, de sorte qu'une fois dans l'eau les plantes ne puissent y pénétrer et empêcher le fonctionnement.

De plus, l'appareil est pourvu d'une foule de dispositifs secondaires destinés aux diverses nécessités, selon les circonstances. Citons une série de réservoirs en tôle, remplis d'air et pouvant être amenés au-dessus de l'eau ou descendus tout au fond. Leur but est de lester au besoin le poids de l'appareil lorsque le terrain est trop marécageux et que l'appareil aurait tendance à s'enfoncer trop. Ces réservoirs hermétiques placés symétriquement d'un côté et de l'autre de l'appareil et leur manœuvre permet de déplacer au besoin le centre de gravité de l'ensemble.

Ainsi construit, l'appareil a été utilisé avec succès en Roumanie, dans la Dobroudja, où les marais sont immenses, de profondeur faible et constante. Par contre, dans nos pays, les étangs ont le plus souvent des thalwegs concaves et les lacs présentent des rives souvent rocheuses et accidentées et presque toujours en pente accusée.

L'appareil de M. Brumaresco est digne d'examen, eu égard aux excellents résultats qu'il aurait permis d'obtenir en Roumanie, notamment dans la Maré Gréaca en 1925.

Nouvelle machine à faucarder (Gallois Albert).
Brevet d'invention.

L'objet de l'invention consiste en une machine destinée à couper les joncs et les roseaux dans les canaux, les étangs et les rivières.

Elle s'installe à l'avant et en dehors d'un bateau ; elle attaque le champ à faucarder sur son pourtour assurant de ce fait une plus libre circulation du bateau.

Sur les dessins annexés :

la figure 46 donne une vue en élévation;

la figure 47 une vue en plan montrant sa position en ordre de fonctionnement.

La première partie se compose : d'une barre cylindrique *a*, tenue verticalement dans l'axe du bateau par un câble *c* s'enroulant sur un treuil *d* en passant sur une poulie-guide *e* à patin réglable ; une butée à billes *b* réunit la barre au câble.

Le patin de la poulie-guide et le treuil sont fixés sur le bâti *j* par l'intermédiaire de supports appropriés.

Une clavette *f*, fixée à la barre, lui assure son déplacement vertical tout en le

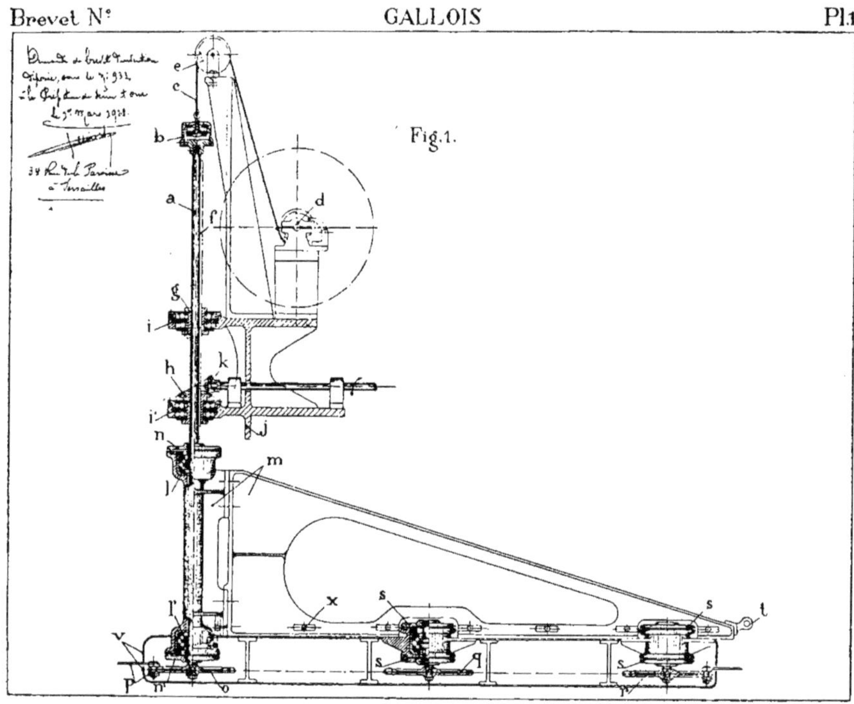

Fig. 46. — Vue en élévation du brevet Gallois.

rendant solidaire d'un manchon *g* et d'une roue conique *h* centrés l'un et l'autre sur une butée à double effet avec chemins de roulement à billes.

Les rondelles médianes *i* et *i'* de ces butées sont fixées au bâti *j* qui est réuni au bateau.

La roue conique *h* engrène un pignon conique *k* claveté sur l'arbre moteur, lequel est disposé suivant l'axe longitudinal du bateau.

La barre porte également deux bagues *l* et *l'* à double chemin de roulement pour billes qui sont destinées à soutenir un support de chaîne *m* pouvant tourner autour de la barre.

Les chemins de roulement sont protégés de l'eau par des chapeaux *n* et *n'* portant chacun un bourrelet circulaire s'engageant dans une gorge circulaire portée par le support de chaîne.

Une roue de chaîne *o* est clavetée à l'extrémité inférieure de la barre.

La deuxième partie constitue l'application nouvelle de faucarder.

Elle se compose d'une chaîne de Galle sans fin *p* à un cours de mailles agissant

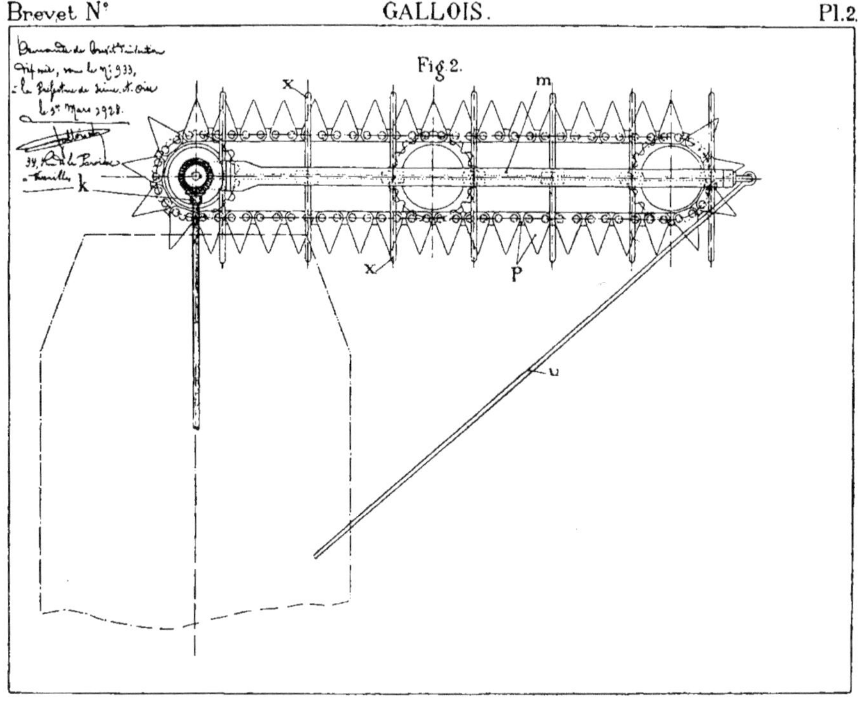

Fig. 47. — Plan de la chaîne coupante.

horizontalement dont les plaques extérieures du cours de mailles supérieur sont coupeuses et taillées en forme de dents de scie.

Cette chaîne engrène trois roues de chaîne : la première *o* clavetée sur la barre ; les deux autres *q* et *r*, fixées au support *m*, font office de tendeur.

Les axes de ces deux dernières roues portent des chemins de roulement pour billes. Ces chemins de roulement sont protégés de l'eau par des chapeaux *s* vissés sur l'axe.

Chaque chapeau porte un bourrelet circulaire s'engageant dans une gorge circulaire portée par la boîte de l'axe.

Le support *m* porte à son extrémité libre une platine à œil *t* dans lequel s'engage un crochet *u* que l'on fixe à l'un ou à l'autre des plats-bords du bateau pour maintenir le support dans sa position convenable.

La chaîne est enfermée dans un carter perforé v en deux parties ne laissant apparaître que les dents.

Des doigts x, fixés au long du support de chaîne, s'engagent pendant la marche dans les végétaux, les empêchant de se coucher au moment où ils sont touchés par les dents de chaîne.

Fonctionnement. — La barre cylindrique est descendue dans l'eau et est maintenue par le câble à une distance convenable du fond.

Le support de chaîne est ensuite orienté dans une position sensiblement perpendiculaire à l'axe longitudinal du bateau et fixé au plat-bord par le crochet.

La machine est alors un ordre de marche et peut être mise en mouvement : soit au moyen d'une manivelle à bras, soit au moyen d'un moteur de propulsion du bateau, car le pignon conique calé sur l'arbre moteur engrène la roue conique solidaire de la barre, laquelle entraîne la chaîne dans son mouvement de rotation par l'intermédiaire des trois roues de chaîne.

Le modèle de machine décrit et représenté sur les dessins n'est donné que comme exemple d'application de l'invention et il reste entendu qu'il peut subir des variantes de construction sans nuire à son principe.

RÉSUMÉ

Le caractère spécial de cette machine consiste : dans l'emploi d'une chaîne de Galle sans fin garnie de dents coupeuses en forme de dents de scie qui travaillent parallèlement au plan d'eau ; dans son mode de suspension et dans sa disposition de montage (montage déporté de la chaîne par rapport à l'axe longitudinal du bateau) assurant ainsi une plus libre circulation du bateau puisque les végétaux coupés ne tombent pas sur lui.

Gallois Albert,

34, rue de la Paroisse

à Versailles (Seine-et-Oise).

Bateau faucardeur « ATTILA ».

Le bateau faucardeur *Attila* est entièrement métallique et très rigide quoique d'un poids très réduit (700 kgs en ordre de marche).

Il est essentiellement constitué par un caisson à fond plat en tôle de 2 m/m d'épaisseur, relevé à l'avant pour supporter l'appareil de coupe et portant à l'arrière, protégée par un carter, la roue à aubes qui sert à la propulsion de l'engin. A noter la forme du fond qui favorise l'arrivée des filets d'eau sur les aubes.

En route libre la vitesse de l'appareil atteint 10 km. à l'heure. Les dimensions du bateau faucardeur *Attila* de la Société Claude Bonnet et fils : longueur $5^m,50$, largeur $1^m,50$, creux $0^m,50$, lui permettent de circuler dans de petits canaux et de travailler dans de petits étangs. Elles lui permettent aussi de voyager par chemin de fer ou sur route à l'aide d'une remorque.

Le moteur à essence monocylindrique de 5 CV à refroidissement à air, de la marque *Omnium*, actionne à la fois la roue à aubes qui propulse le bateau et la barre coupeuse d'une largeur de 2 mètres.

Un débrayage permet de stopper et de faire marche arrière, ce qui est indispensable pour les manœuvres. Un second débrayage existe également à l'avant à portée de l'homme dirigeant la coupe afin d'arrêter le faucardage si besoin est.

La commande des outils de faucardage se fait à l'aide d'une courroie, celle de la roue à aubes à l'aide d'une chaîne

Un des avantages de cet engin réside dans la disposition de la commande de la

Fig. 48.

barre coupeuse. On peut en effet faire varier la profondeur de la coupe sans cesser le travail. Enfin, à l'aide d'un simple mouvement de bascule autour d'un point de rotation fixé sur l'avant du bateau, on peut relever les couteaux pour leur visite ou pour le transport.

Le barre coupeuse horizontale est de 1^{m},95 de long, et doublée d'une petite barre verticale de 1^{m},30 de long destinée à couper les roseaux déjà faucardés.

La mise à l'eau et la sortie se font aisément à l'aide de la remorque pourvue d'un treuil à main. L'effort demandé est faible, car dès sa sortie de l'eau, le bateau est hâlé sur des rouleaux, tant sur la remorque proprement dite que sur une rallonge spéciale disposée pour servir de poulain et qui, en ordre de route, vient se fixer sur la remorque et sous le bateau grâce aux ressorts et aux pneumatiques dont elle est pourvue.

La remorque attelée derrière une automobile peut en toute sécurité se déplacer rapidement sur route.

Ajoutons que l'appareil ne demande la présence que de deux hommes, l'un s'occupant de la coupe et l'autre de l'avance et de la direction à l'aide d'un gouvernail.

La surface faucardée est d'un peu moins de 1 hectare à l'heure, moyennant une consommation d'environ 2 litres d'essence.

Société Claude Bonnet et fils, 3, rue de la Bastille, Paris.

ANNEXE

Lettre adressée par M. le Ministre des Travaux publics de Roumanie à M. le Président de l'Union nationale des Syndicats de l'étang

MONSIEUR,

A la suite du IIe concours de faucardement que l'Union nationale de l'Etang à Paris a organisé dans les régions de Rambouillet et de Versailles, M. Alexandre Daïa, notre délégué au concours, nous fait connaître l'accomplissement, avec succès, de sa mission, grâce au concours que vous lui avez donné comme président de l'Union.

Nous vous remercions beaucoup pour l'accueil dont notre délégué a été l'objet pendant son séjour en France, et vous prions, Monsieur, d'agréer nos salutations et nos sentiments les meilleurs.

MINISTRE.

(*Suit la signature.*)

6.106 × — 2 décembre 1927.

BAR-LE-DUC. — IMPRIMERIE CONTANT-LAGUERRE. — 1928.

www.ingramcontent.com/pod-product-compliance
Ingram Content Group UK Ltd.
Pitfield, Milton Keynes, MK11 3LW, UK
UKHW022126260726
13993UKWH00003B/1262

9 782329 203034